機械加工システム

―構成要素間の相互作用とシステムの高性能化―

稲崎 一郎
中部大学 教授・慶應義塾大学 名誉教授

養賢堂

序　文

　原材料の形状や性質を変えて各種の機器，装置に使用される部品とし，これらを組み立てて人間に有用な製品となるまで付加価値を高める製造技術は，天然資源に乏しい日本にとって国の財政基盤を支える必須の技術である．製品が要求された機能を高性能に発揮して競合製品に勝つには，部品の加工精度，加工能率が高められなければならない．わが国の製造技術は，このような背景のもとで逞しく発展し，世界を先導するに至っている．

　生産活動の範囲は，狭義に捉えても設計，加工，組立て，そして検査を含んでいるが，本書で対象とするのはその中の加工である．素材の性質を変える熱処理なども広義には加工と呼ぶこともできるが，本書では素材の寸法と形状を変えて新たな状態を素材に記憶させるプロセスを対象とする．加えて，寸法と形状を変えるプロセスとして，目標形状に到達するまで不要な部分を除去するプロセス，すなわち除去加工（material removal process）を対象とする．このほかにも，素材を溶融させて新たな形状を得る方法（鋳造加工），粉体にして焼結する方法（粉末冶金加工），そして材料の塑性変形現象を利用する方法（塑性加工）などがある．これらの中で，切削加工（cutting）と研削加工（grinding）に代表される除去加工は，各種材料への適応性と達成しうる形状の多様性，そして広範囲な加工精度と能率を達成しうることから，工業製品を生産するうえで最も重要な加工プロセスとなっている．除去加工は，そのプロセスを実行するに当たって利用するエネルギー形態によって種々のものがあるが，本書で対象とする切削，そして研削加工は機械的エネルギーを利用するものであり，機械加工プロセス（machining）と呼ばれている．

　切削加工および研削加工は，工具を加工物に干渉させて相対運動を与え，不要部分を除去して要求される寸法と形状を創成するプロセスで，これを実行する機械が工作機械（machine tool）である．したがって，加工プロセスの能率と加工される部品の精度は，使用する工作機械の性能によって左右される．加えて重要なことは，加工プロセスから発生する力と熱は，工作機械に影響を及ぼし，さらにはその影響がプロセスに帰還するということである．加工のプロセスに焦点を絞っても，工具，加工物，加工液，そして切りくずの間の相互作用

（2）　　　　　　　　　　　　序　文

がプロセスの良否を左右する．さらに，工作機械が設置されている環境や工作機械を操作する作業者と工作機械との相互作用も加工結果に影響を及ぼす．加工プロセスとそれを実行する工作機械から構成される系を作業環境をも含めて機械加工システムと呼ぶことにするなら，それは入力である材料，エネルギー，そして情報を活用し，素材の付加価値を高めて製品として出力する変換システムとみなすことができる．機械加工システムの性能は，上述したように多くの構成要素間の相互作用によって左右される．したがって，機械加工システムの性能を高めるには，構成要素個々の特性と，それらの相互作用を理解し，把握しておくことが必須である．

　本書は，機械加工システムの性能向上を達成するうえで必要となる重要事項を各種構成要素間の相互作用に注目するという視点からまとめたものである．その基盤となっているのは，これまで多くの研究者，技術者の努力によって得られた貴重な知見である．機械加工に必要となる高度な「技能（skill）」は，そのままでは個人個人が所有する財産であるが，得られた知見をもとにこれら技能に科学的解釈を与えて「技術（technology）」とすることにより，多くの技能が人類の共有財産となってきたのである．まずは，これら先駆者の業績に敬意を表したい．

　本書が生産工学を学ぶ学生諸君，日頃生産活動に携わっている研究者，技術者の方々にとって多少なりともお役に立つことができるなら，それは筆者にとって望外の喜びである．

　なお，本書を執筆するに当たって，以下の著書を広く参考にさせていただいた．ここに記して感謝の意を表する．

- S. Kalpakjian : Manufacturing Engineering and Technology, 2nd Edition, Addison-Wesley (1992).
- 中山一雄：切削加工論，コロナ社 (1978).
- M. C. Shaw : Metal Cutting Principles, Second Edition, Oxford University Press (2005).
- M. C. Shaw : Principles of Abrsive Processing, Clarendon Press (1996).
- E. Saljé : Elemente der spanenden Werkzeugmaschinen, Carl Hanser Verlag München (1968).
- D. N. Reshetov, V. T. Portman : Accuracy of Machine Tools, ASME Press (1988).
- M. Weck : Werkzeugmaschinen Fertigungssysteme, Band1-4, VDI Verlag (1992).

2009年1月

稲崎　一郎

目　　次

第1章 生産技術の発展と課題
1.1 序言：生産活動における機械加工プロセスの位置づけ ················ 1
1.2 機械加工技術の発展 ··· 2
1.3 機械加工システムを構成する各種要素間の相互作用 ················ 5

第2章 機械加工プロセスに影響を及ぼす材料の機械的性質
2.1 序　　言 ··· 7
2.2 応力-ひずみ特性 ·· 8
　2.2.1 ひずみ硬化現象 ·· 10
　2.2.2 環境条件が応力-ひずみ特性に及ぼす影響 ················· 12
　2.2.3 降伏条件 ··· 13
2.3 材料の硬度 ·· 14
2.4 摩擦・摩耗特性 ·· 17
　2.4.1 凝着摩擦説 ··· 17
　2.4.2 材料の摩耗 ··· 19

第3章 工具と加工物の相互作用（1）：切削加工
3.1 序　　言 ·· 21
3.2 切削加工の種類 ·· 21
3.3 切りくず生成機構 ·· 23
3.4 切削抵抗 ·· 26
　3.4.1 二次元切削 ··· 26
　3.4.2 せん断角 ··· 28
　3.4.3 比切削エネルギーと寸法効果 ··························· 30
　3.4.4 準二次元切削における切削抵抗 ························· 30
　3.4.5 多刃工具切削における切削抵抗 ························· 32

目　次

- 3.5 切削温度 ·· 33
  - 3.5.1 発生熱量 ·· 33
  - 3.5.2 切削熱の流入割合 ·· 35
- 3.6 被削材に生ずるひずみとひずみ速度 ·· 36
- 3.7 切りくず形態と形状 ·· 37
- 3.8 構成刃先の形成と抑制対策 ·· 39
- 3.9 切削加工面の品質 ·· 41
  - 3.9.1 表面粗さ ·· 41
  - 3.9.2 加工変質層 ·· 42
  - 3.9.3 バ　リ ·· 43
- 3.10 工具損傷と最適切削条件 ·· 44
  - 3.10.1 工具損傷の種類 ·· 44
  - 3.10.2 工具摩耗の原因 ·· 46
  - 3.10.3 工具寿命と最適切削条件 ·· 46
- 3.11 切削プロセスの計算機シミュレーション ·· 48
- 3.12 切削工具 ·· 49
  - 3.12.1 切削工具の種類と形状の記述 ·· 49
  - 3.12.2 工具材質 ·· 50
  - 3.12.3 チップブレーカ ·· 52
- 3.13 切　削　液 ·· 53
  - 3.13.1 切削液の役割 ·· 53
    - （1）潤滑作用 ·· 53
    - （2）冷却作用 ·· 53
    - （3）切りくず排除 ·· 53
  - 3.13.2 切削液の種類 ·· 54

第4章　工具と加工物の相互作用（2）：研削加工

- 4.1 研削加工の特徴 ·· 56
- 4.2 研削加工の種類 ·· 57

4.3 研削砥石と調整作業 ･･････････････････････････････････････ 59
  4.3.1 研削砥石の種類 ･･････････････････････････････････････ 59
  4.3.2 研削砥石の準備・調整作業 ･･････････････････････････････ 60
4.4 研削機構 ･･ 62
  4.4.1 砥石と加工物の干渉状態 ････････････････････････････････ 62
  4.4.2 接触剛性 ･･ 64
  4.4.3 研削抵抗 ･･ 64
  4.4.4 平均切りくず断面積 ････････････････････････････････････ 65
  4.4.5 加工面の品質 ･･ 67
4.5 遊離砥粒加工 ･･･ 69

第5章 工作機械の創成運動と構成要素

5.1 序 言 ･･ 71
5.2 工作機械の形状創成運動 ･････････････････････････････････ 72
  5.2.1 工作機械の種類 ･･････････････････････････････････････ 72
  5.2.2 形状創成理論 ･･･････････････････････････････････････ 74
    (1) 形状創成関数 ･･････････････････････････････････････ 74
    (2) 加工物形状の創成 ･･････････････････････････････････ 78
    (3) 加工誤差の推定 ････････････････････････････････････ 80
    (4) 工作機械構造の多様性 ･･････････････････････････････ 80
5.3 案内要素と潤滑 ･･ 82
  5.3.1 案内要素 ･･･ 82
  5.3.2 案内要素のトライボロジー ････････････････････････････ 84
    (1) 滑り速度-摩擦特性 ････････････････････････････････ 84
    (2) 動圧潤滑の原理 ････････････････････････････････････ 86
    (3) 動圧潤滑テーブルにおける加工誤差の発生 ･････････････ 88
    (4) 静圧潤滑の原理 ････････････････････････････････････ 89
    (5) 転がり摩擦要素 ････････････････････････････････････ 91
5.4 高精度創成運動達成のための設計指針 ･･････････････････････ 94

5.4.1　摩擦中心での駆動 ································· 94
　　5.4.2　ナローガイドの原理 ····························· 95
　　5.4.3　テーブル駆動における摩擦振動現象とその抑制対策 ············· 95
　　5.4.4　アッベの原理 ···································· 97
　　5.4.5　荷重支持機能と案内機能の分離 ················· 98
　5.5　工具と加工物の取付け具 ····························· 98
　　5.5.1　標準的な取付け具 ································ 98
　　5.5.2　組立てジグ ······································ 99

第6章　機械加工プロセスと工作機械の相互作用（1）：静的相互作用

6.1　序　　言 ··· 103
6.2　力と変位を介しての相互作用 ························· 103
　6.2.1　工作機械の静剛性と加工精度 ····················· 103
　6.2.2　静剛性の向上方策 ································ 105
　6.2.3　切残しによる加工誤差 ··························· 107
　　（1）切削加工の例 ···································· 107
　　（2）研削加工の例 ···································· 111
　　（3）遊離砥粒加工の場合 ····························· 113
　　（4）加工誤差低減の指針 ····························· 114
6.3　熱と変位を介しての相互作用 ························· 114
　6.3.1　変形の原因となる熱源 ··························· 115
　6.3.2　熱剛性と熱時定数 ································ 115
　6.3.3　熱変形の抑制対策 ································ 116

第7章　機械加工プロセスと工作機械の相互作用（2）：動的相互作用

7.1　機械加工における振動：強制振動と自励振動 ········· 119
7.2　工作機械動剛性の測定と表示 ························· 120
　7.2.1　測定方法 ·· 120
　7.2.2　自己動コンプライアンスと相互動コンプライアンス ············· 122

目次　(7)

- 7.3　工作機械振動特性のモデル化 …………………………………… 122
- 7.4　切削における再生型自励振動 …………………………………… 125
  - 7.4.1　加工上の障害 …………………………………………………… 125
  - 7.4.2　再生効果 ………………………………………………………… 126
  - 7.4.3　方位係数 ………………………………………………………… 127
  - 7.4.4　重複係数 ………………………………………………………… 128
  - 7.4.5　安定解析 ………………………………………………………… 129
    - (1)　安定限界式の導出 …………………………………………… 129
    - (2)　安定限界の図式解 …………………………………………… 131
    - (3)　簡略化された安定限界式 …………………………………… 134
    - (4)　方位係数の影響 ……………………………………………… 135
- 7.5　研削加工における振動 …………………………………………… 136
  - 7.5.1　強制振動と自励振動 …………………………………………… 136
  - 7.5.2　研削における再生型自励振動の特徴的現象 ………………… 137
  - 7.5.3　振動現象に影響を与える因子 ………………………………… 139
    - (1)　研削剛性と研削粘性 ………………………………………… 139
    - (2)　砥石接触剛性 ………………………………………………… 141
    - (3)　砥石摩耗剛性 ………………………………………………… 142
    - (4)　砥石と加工物の幾何学的干渉作用 ………………………… 142
- 7.6　振動原因の探索と抑制対策 ……………………………………… 143
  - 7.6.1　振動原因の探索 ………………………………………………… 143
  - 7.6.2　振動の抑制対策 ………………………………………………… 144

第8章　機械加工システムにおける計測と制御

- 8.1　序　言 ……………………………………………………………… 149
- 8.2　加工誤差の種類 …………………………………………………… 149
- 8.3　加工誤差の計測 …………………………………………………… 152
- 8.4　工作機械の数値制御と適応制御 ………………………………… 154
- 8.5　加工プロセスの自動監視技術 …………………………………… 157

8.5.1　加工プロセス監視のためのセンサ ……………………………… 157
　8.5.2　検出対象とセンサ ………………………………………………… 157
　8.5.3　信号処理とデータ融合 …………………………………………… 158
8.6　工作機械の性能検査 ……………………………………………………… 160
　8.6.1　運動精度の評価 ……………………………………………………… 161
　8.6.2　静・動剛性の評価 …………………………………………………… 163

第9章　工作機械-人間-環境間の相互作用

9.1　工作機械の人間工学 ……………………………………………………… 165
　9.1.1　序　　言 ……………………………………………………………… 165
　9.1.2　工作機械の安全性 …………………………………………………… 165
　9.1.3　工作機械の操作性と保全性 ………………………………………… 167
　9.1.4　表示機器と操作機器 ………………………………………………… 168
9.2　工作機械と環境の相互作用 ……………………………………………… 170
　9.2.1　序　　言 ……………………………………………………………… 170
　9.2.2　周囲環境が加工精度に及ぼす影響 ………………………………… 170
　　（1）温度の影響 ………………………………………………………… 170
　　（2）床振動の影響 ……………………………………………………… 171
　9.2.3　工作機械が周囲環境に及ぼす影響 ………………………………… 172
　　（1）騒　　音 …………………………………………………………… 172
　　（2）切削液の飛散と空気汚染 ………………………………………… 173
　9.2.4　低環境負荷工作機械 ………………………………………………… 173
　　（1）ドライ切削加工, ニアドライ切削加工 ………………………… 173
　　（2）工作機械の省エネルギー対策 …………………………………… 176

索　　引 ……………………………………………………………………………… 179

記 号 表

A : 面積 [m^2]
A_i : 初期面積 [m^2]
A_r : 真実接触面積 [m^2]
A_s : せん断面積 [m^2]
$A^1, A^2, A^3, A^4, A^5, A^6$: 同次座標変換行列
a_g : 平均切りくず断面積 [m^2]
B : 研削幅,研削砥石幅 [m]
B_1, B_2 : 長さ(静圧潤滑パッドの形状)[m]
b : 切削幅 [m]
C : 切削比 [-]
　　定数(工具寿命方程式)[-]
c : 減衰係数 [kg/s]
　　比熱 [J/(kg・K)]
　　単位面積当たりの砥粒切れ刃数 [1/m^2]
c_g : 研削粘性 [kg/s]
D : 直径 [m]
D_e : 等価直径,式(4.4) [m]
D_g : 砥石直径 [m]
D_w : 加工物直径 [m]
d_c : 毛細管内径 [m]
E : ヤング率 [Pa]
e : 測定誤差 [m]
　　軸受偏心量 [m]
　　伸び [-]
F : 力 [N]
F_A, F_B : 反力 [N]
F_c : 切削主分力 [N]
F_d : テーブル駆動力 [N]
F_f : 摩擦力 [N]
F_n : 法線力,切削背分力 [N]
F_{ng} : 法線方向研削抵抗 [N]
$F_{n\gamma}$: 工具すくい面に作用する法線力 [N]
F_R : 切削合力 [N]
F_r : 切込み方向切削抵抗 [N]
F_s : せん断力 [N]
F_t : 接線力 [N]
F_{tg} : 接線方向研削抵抗 [N]
$F_{t\gamma}$: 工具すくい面に作用する接線力 [N]
f : 振動数 [1/s]
　　: 送り [m]
f_t : 切刃1枚当たりの送り [m]
G : 研削比 [-]
$G(j\omega)$: 無次元動コンプライアンス [-]
g : 重力加速度 [m/s^2]
　　方位係数 [-]
H : 硬度 [-]
h : 切削厚み [m]
　　砥石切込み深さ [m]
　　軸受すき間 [m]
　　真の切込み深さ [m]
h_c : 切りくず厚み [m]
h_n : 設定切込み深さ [m]
h_r : 切込み深さ [m]
I : 断面二次モーメント [m^4]
Im : 虚数部
j : 虚数単位
K : 強度係数 [Pa]
k : 剛性 [N/m]
k_1, k_2 : 支持部剛性 [N/m]
k_a : 付加剛性 [N/m]
　　前部軸受部剛性 [N/m]
k_b : 後部軸受部剛性 [N/m]
k_c : 切削剛性 [N/m]
$\bar{k}_c$: 単位幅当たりの切削剛性 [N/m^2]
k_G : 砥石摩耗剛性 [N/m]
k_g : 研削剛性 [N/m]
k_{con} : 砥石接触剛性 [N/m]

記号表

k_{ei} ：機械系の要素剛性 [N/m]
k_m ：機械系剛性 [N/m]
k_{pi} ：結合要素の剛性 [N/m]
L ：長さ，距離 [m]
L_c ：砥石と加工物の接触長さ [m]
L_f ：破断時の長さ [m]
L_i ：初期長さ [m]
L_r ：工具すくい面と切りくずの接触長さ [m]
l_c ：毛細管長さ [m]
M ：モーメント [N・m]
M_c ：切削体積 [m^3]
M_g ：研削体積 [m^3]
$\dot{M}_g$ ：研削率（単位時間当たりの研削量）[m^3/s]
M_w ：摩耗体積 [m^3]
m ：質量 [kg]
　　　工具寿命方程式中の指数 [-]
　　　すき間比 [-]
m_g ：平均切りくず体積 [m^3]
N ：回転数 [1/s]
n ：ひずみ硬化係数，加工硬化係数 [-]
　　　工具寿命方程式中の指数 [-]
　　　整数
P ：動力 [W]
P_c ：切削動力（単位時間当たりの切削エネルギー）[W]
$\bar{P}_c$ ：比切削エネルギー（単位時間・単位体積当たりの切削エネルギー）[N/m^2]
P_g ：研削動力 [W]
$\bar{P}_g$ ：比研削エネルギー [N/m^2]
$\bar{P}_{g0}$ ：係数，式 (4.13) [N/m^4]
p ：圧力 [Pa]
　　　工具寿命方程式中の指数 [-]
p_r ：静圧潤滑パッドリセス内圧力 [Pa]
p_s ：ポンプ供給圧力 [Pa]
Q ：単位時間当たりの発熱量 [W]
$\bar{Q}$ ：単位幅当たりの流量 [m^2/s]
Q_{B1}, Q_{B2} ：静圧潤滑パッドのリセス部流量 [m^3/s]
Q_{in} ：静圧潤滑パッドへの流入流量 [m^3/s]
Q_{out} ：静圧潤滑パッドからの流出流量 [m^3/s]
Q_s ：せん断面での単位時間当たり発熱量 [W]
Q_r ：工具すくい面での単位時間当たり発熱量 [W]
q_g ：単位時間・単位面積当たりの発熱量（研削）[W/m^2]
q_s ：せん断面での単位時間・単位面積当たりの発熱量 [W/m^2]
q_r ：工具すくい面での単位時間・単位面積当たりの発熱量 [W/m^2]
ΔR ：半径誤差 [m]
R_a ：算術平均粗さ [m]
Re ：実数部
R_y ：最大高さ粗さ [m]
r ：工具切刃先端半径 [m]
r_w ：加工物半径減少量 [m]
r_0 ：工具切刃ベクトル [m]
r_n ：加工物座標系から見た工具切刃ベクトル [m]
S ：表面積 [m^2]
S_i ：座標系
s ：特性方程式の複素根 ラプラス演算子 [s^{-1}]
T ：回転周期，時定数 [s]
T_L ：工具寿命時間 [s]
t ：時間 [s]
t_c ：正味切削時間 [s]
t_t ：工具交換時間 [s]
t_w ：加工物交換時間 [s]
u ：振動数比 [-]
V ：体積 [m^3]

記号表 (11)

v : 切削速度 [m/s]
　　　流体速度 [m/s]
v_{cr} : 臨界速度 [m/s]
v_f : 送り速度 [m/s]
v_g : 砥石周速度（研削速度）[m/s]
v_{opt} : 最適切削速度 [m/s]
v_t : 砥石トラバース速度 [m/s]
v_w : 加工物速度 [m/s]
W : 仕事 [W]
　　　負荷容量 [N]
x : x 座標 [-]
x_F : 駆動位置 [m]
x_G : 重心位置 [m]
y : y 座標 [-]
　　　変位量 [m]
z : z 座標 [-]
　　　切刃数 [-]

<ギリシア文字>
α : 比例定数 [-]
　　　熱膨張係数 [1/K]
　　　熱伝達率 [W/(m²・K)]
　　　固有振動モードの方向と加工面法線方向間の角度 [°]
α_1, α_2 : 比例定数 [-]
α_e : x 軸周りの回転誤差
β : 摩擦角 [°]
　　　動的切削抵抗の作用方向と加工面法線方向間の角度 [°]
β_e : y 軸周りの回転誤差
γ : 工具すくい角 [°]
γ_e : z 軸周りの回転誤差
ε : 真ひずみ [-]
　　　指数, 式(4.13) [-]

$\dot{\varepsilon}$: せん断ひずみ速度 [1/s]
ε_n : 公称ひずみ [-]
ε_s : せん断ひずみ [-]
ε_u : くびれ発生時のひずみ [-]
ζ : 減衰比 [-]
η : 粘性係数 [Pa・s]
θ : 角度 [°]
　　　z 軸周りの回転運動
ϑ : 温度 [K]
κ : 研削抵抗比 F_{ng}/F_{tg} [-]
　　　加工物への熱の流入割合 [-]
λ : 相対運動
μ : 摩擦係数 [-]
　　　重複係数 [-]
ν : 端数 [-]
ρ : 密度 [kg/m³]
σ : 真応力 [Pa]
　　　複素根実数部
σ_n : 公称応力 [Pa]
σ_y : 降伏応力 [Pa]
σ_u : 引張強度 [Pa]
τ : せん断応力 [Pa]
τ_{cr} : せん断変形応力 [Pa]
φ : x 軸回りの回転運動
φ_m : フライス工具と加工物の干渉角 [°]
ϕ : せん断角 [°]
　　　位相角 [°]
χ : 切りくず流出方向 [°]
ϕ : 角度, 式(3.5) [°], 図3.7
　　　y 軸周りの回転運動
ω : 角振動数 [rad/s]
　　　複素根虚数部
ω_n : 固有角振動数 [rad/s]

第 1 章
生産技術の発展と課題

1.1 序言：生産活動における機械加工プロセスの位置づけ

　生産技術は，人類の富をつくり出す生産活動の基盤となる重要な技術である．高品質製品の製造や，新技術の具現化を通して国の財政基盤を支えるだけではなく，科学研究の発展にも重要な貢献をしている．図1.1に示す素材から製品に至るまでのプロセスと，それらを実行するうえで必要となる機械類の性能向上が生産活動の中核技術となる．生産技術の永遠の課題は，高品質な製品の生産と，その能率向上である．前者に関しては，加工される部品の精度向上が必須であるが，能率の向上と精度の向上は，通常は相反する要求で，これらを同時に両立させることは難しい．上記の課題に加えて，生産活動の自動化，さらに，最近ではこれが環境に与える悪影響を極力抑える技術の開発が重要課題となっている．能率の向上と環境負荷の低減も相反する要求である．これら

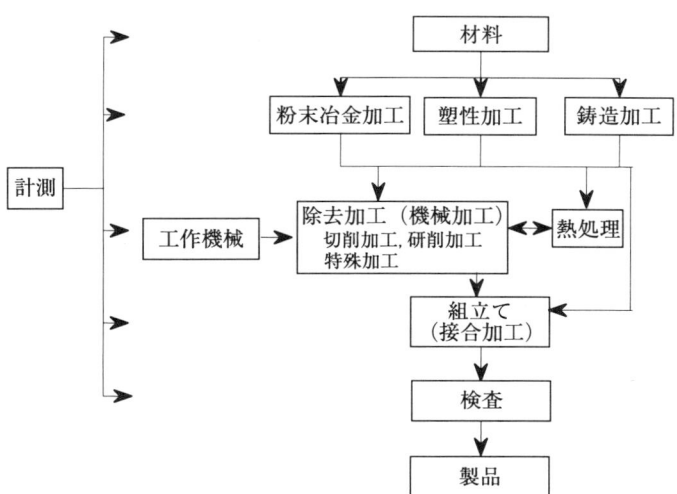

図1.1　生産活動（狭義）の範囲

の相反する要求を満足させるには革新的な技術開発が必要となる．

　生産活動の出発点は部品加工である．機械，電気，そのほか部品としての機能を高性能に発揮するための加工技術と，材料に関する知識が生産技術者には必要となる．加工プロセスには，図1.1に示したように種々の方法があるが，その適切な選択は使用する材料の性質，要求される加工精度，そして加工費用などの観点からなされるべきである．素材の不要部分を除去して部品形状とする切削や研削に代表される機械加工プロセスは，各種材料への適応性が高く，また高精度加工，高能率加工の要求に応えることが可能なため，古典的ではあるが，依然として最も重要な部品加工技術となっている．そして，鋳造加工，粉末冶金加工，塑性加工などの一次加工プロセスを経た部品の寸法精度や形状精度をさらに高める必要がある場合，また焼入れなどの材料改質プロセスを経た高硬度・高強度材料の加工になくてはならない技術なのである．

　しかし一方，機械加工プロセスは，切りくずという副産物を排出する本質的な問題点を持っている．また今日では，一次加工プロセスの加工精度も向上し，機械加工を必要としない場合も多くなっている．それぞれの技術は，その特徴を最大限に発揮できる場面で選択されなければならない．

1.2　機械加工技術の発展

　機械加工プロセスは，素材としての材料，プロセスを実行するうえで必要となるエネルギーと情報を入力として，製品を出力とする材料の変換過程として捉えることができる（図1.2）．換言すれば，入力としての材料に付加価値を与えるプロセスである．プロセスからの出力には，製品だけでなく放出物や廃棄物もある．これらの副産物を最小限に抑えることが重要視され始めている．

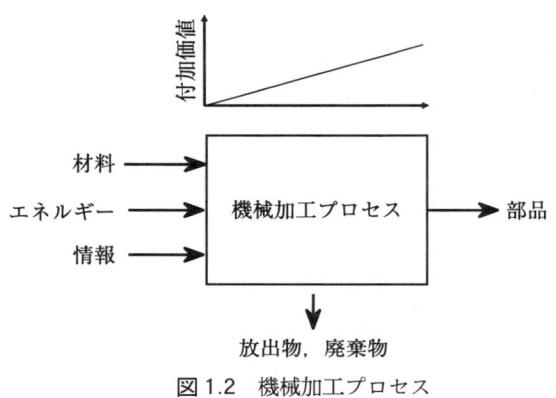

図1.2　機械加工プロセス

　機械加工による部品精度

の向上には目覚ましいものがある．図1.3は，機械加工される部品の加工誤差がどのように低減されてきたかを示したものである[1]．今日では，マイクロメートル（μm）以下の加工誤差に抑える高精度加工も比較的容易に達成されるようになっている．このような技術進歩により，各種製品の高性能化・小型化が実現されてき

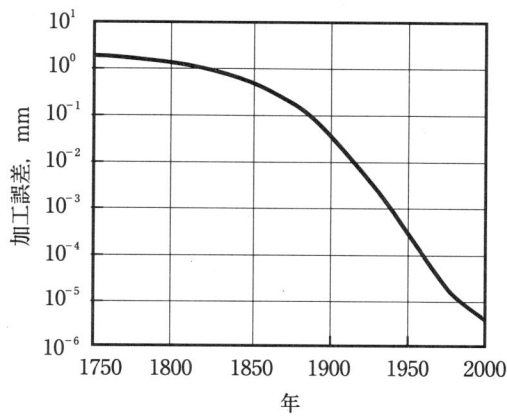

図1.3　加工誤差の低減[1]

た．近年では，ナノメートル（nm）領域での機械加工も可能となり，加工される材料の微視的な構造を考慮に入れることが必要となっている．もちろん，機械加工プロセスを実行する工作機械の性能向上と，計測技術の進歩がその背景にあることを忘れてはならない．

　加工能率の向上を具体的に示す例として，図1.4に切削速度の進展を示す[2]．高硬度，高い耐熱性と耐摩耗性を持つ工具材料の発展と工作機械の性能向上がこれを支えてきた．

　各種機器や装置に使用される材料は，製品の寿命と信頼性を高めるために十分な強度と耐摩耗性，そして耐熱性を持つことが必要である．このような要求を満足する材料の開発が進められてきたが，これは機械加工という立場から見ると加工が難しい材料，いわゆる難削材料が次々と開発されたことになる．高性能部品に使用される材料の開発と

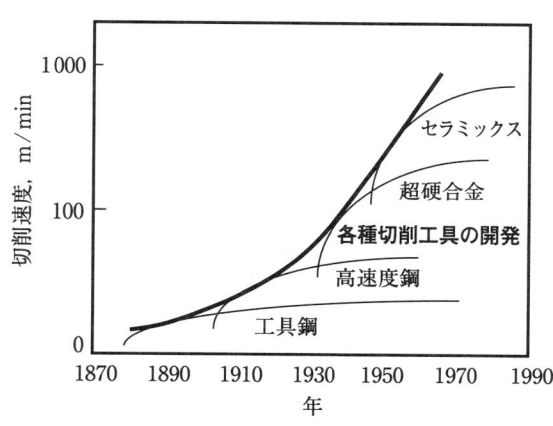

図1.4　鋼の切削における切削速度の上昇[2]

機械加工技術の開発は，互いに競合して技術の発達を促してきたのである．

機械加工プロセスには多くの因子が関与しており，作業者がプロセス遂行中に起こる種々のトラブルに適切に対処し，プロセスを成功させるには豊富な経験が必要である．1950年代初めに数値制御（numerical control）工作機械が開発，実用化されて，機械加工プロセスの自動化は飛躍的に発展した．しかし，プロセス遂行中に起こる切削工具損傷に代表される種々のトラブルに対して，数値制御は無力である．より高度な自動化を達成するための研究開発が1960年代以降活発に進められた．その目標は，機械加工プロセスにおける自動監視技術の実用化である．小型で信頼性が高く，かつ安価なセンサが実用化されたことに加え，採取したデータを高速で計算機処理することが可能となって，機械加工プロセスの自動監視技術は一部実用化されるに至っている．トラブルの検知のみならず，加工条件の最適化までを狙った適応制御（adaptive control）の研究開発が進められている．

環境への悪影響を極力低減しようとする環境親和加工技術の研究開発が，1990年代に入ってから積極的に進められている．加工中に消費されるエネルギーの低減と各種放出物，廃棄物の低減技術の開発である．中でも，省エネルギー技術と加工液に代表される廃棄物の低減に大きな関心が寄せられている．加工液の使用は，使用後の廃棄の問題だけでなく，供給のためのエネルギー消費が占める割合も大きいからである．その究極は，加工液をまったく使用しないドライ加工であるが，そこに至る途中の段階として切削加工液の供給量を激減させるニアドライ切削加工が一部実用化されつつある．

機械加工システムは，システムの高性能化・知能化，そして環境親和化に向けて発展をしている．しかし，機械加工技術には，乗り越えなければならない大きな課題がある．それは，図1.5に示す相反構造である．高能率化を達成しようとする

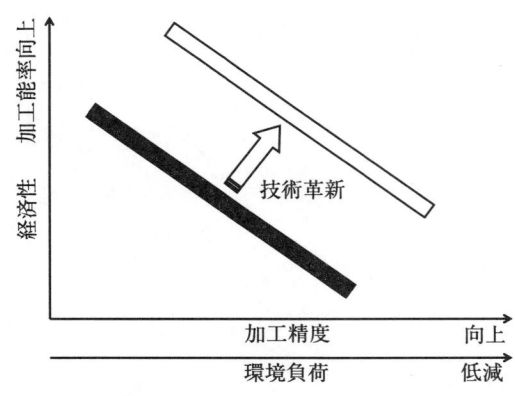

図1.5 機械加工における相反構造

と，一般に加工精度は低下し，加えて環境への負荷も増大する．相反する要求を満足するには革新的な技術開発が必要となる．

1.3 機械加工システムを構成する各種要素間の相互作用

機械加工プロセスを代表する切削加工は，加工物に切削工具を干渉させて切りくずを生成するプロセスである．工具と加工物，工具と切りくず，工具と切削液，加工物と切削液などが互いに相互作用を及ぼしながら切削加工プロセスが進行する．部品への要求品質を満足するプロセスを実行するには，これらの相互作用をよく理解していなければならない．工具は部品の表面品質を左右するが，同時に相互作用によって摩耗や破損などの損傷を受ける．

切削，研削加工を実行する機械が工作機械である．したがって，加工プロセスの能率と加工される部品の精度は，使用する工作機械の性能によって左右される．機械加工プロセスが開始されると，加工力が生じ，この力が工作機械に作用してプロセスと機械の間に相互作用が生まれる．すなわち，加工力は工作機械を変形させ，工具と加工物の相対位置関係を変化させる．そして，その影響は加工プロセスに帰還する．このような相互作用は，時間的にほぼ一定とみなせる静的なものだけではなく，場合によっては動的な振動現象を引き起こすこともある．いわゆるびびり振動現象で，加工精度の低下のみならず加工能率の低下にもつながる重大な加工上の障害となっている．同様な相互作用は，加工熱によっても生ずる．加工点で発生する熱は工具と加工物を変形させ，工作機械テーブルやベッドに堆積した高温の切りくずは工作機械自身の熱変形を引き起こす．特に，後者の変形は量的にも大きく，高精度加工を達成するに当たっての大きな障害となっている．

上述したように，機械加工プロセスと工作機械は，図1.6に示す力と熱，そして変形を媒体とした閉回路を構成している．この閉回路における相互作用は，力が加わっても変

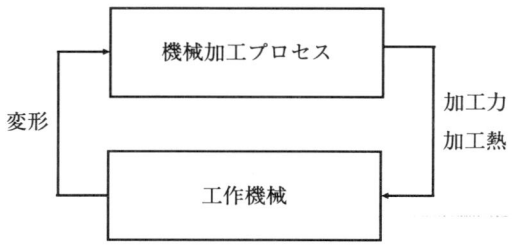

図1.6　機械加工プロセスと工作機械の相互作用

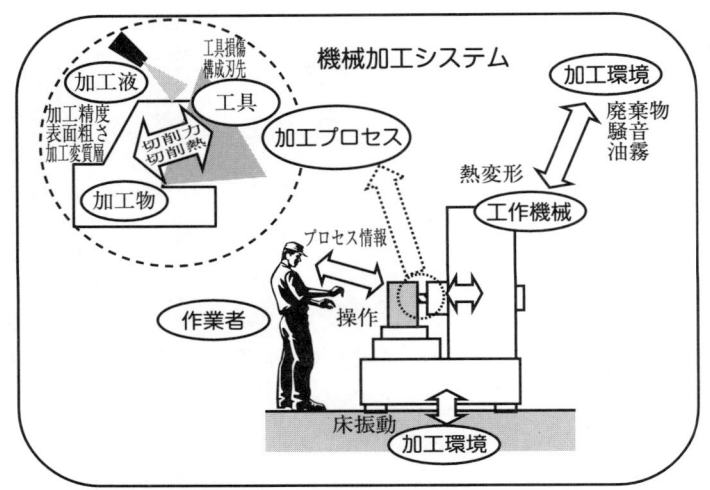

図1.7 機械加工システムにおける相互作用

形をしない剛性が無限大の工作機械の実現や，加工力が0の加工プロセスを実現することができれば断ち切ることができる．後者は，高エネルギービーム加工のように，工具と加工物が固体接触をしない加工プロセスで実現されているが，機械加工プロセスで加工力を0にすることはできない．したがって，加工プロセスの高性能化を図るうえで工作機械とプロセスの相互作用を理解することが重要なのである．

さらに，工作機械が設置されている環境や工作機械を操作する人間と工作機械との相互作用も，加工結果に影響を及ぼす．加工プロセスとそれを実行する工作機械と作業者，さらにその周囲環境から構成される系を機械加工システムと呼ぶなら，その性能は，上述したように多くの構成要素の特性とそれら要素間の相互作用によって左右されるのである（図1.7）．

参 考 文 献

1) M. Weck : Werkzeugmaschinen Fertigungssysteme 1, Maschinenarten und Anwendungsbereiche, Springer (1998) p.9.
2) 同上，p.8.

第2章 機械加工プロセスに影響を及ぼす材料の機械的性質

2.1 序　言

　各種の機械装置，機器に使用される部品は，その機能と性能を高い信頼性を持って果たさなければならず，そのために，十分な強度，耐摩耗性，耐熱性，疲労強度を持つ材料が選択される．このような材料を機械加工するには，さらに高強度な材料を工具として使用しなければならない．図2.1に要約するように，被削材や工具としての材料の機械的，物理/化学的性質が機械加工の難易（加工抵抗力，発熱，切りくず形態），加工面の品質（表面粗さ，加工変質層），そして工具の損傷に影響を及ぼして加工性能を左右する．このように，機械加工プロセスの結果は被削材と工具材料の各種性質の相互作用によって左右されるので，材料の性質を把握しておくことはプロセスを成功させるうえで重要である．目的にかなった良好な切削を行うことができるか否かを評価する指標として，加工物材料の被削性（machinability）と呼ぶ指標を用いる場合もあるが，一

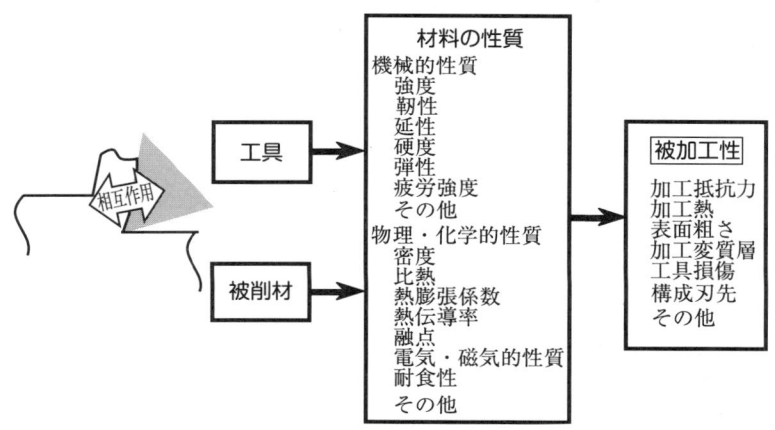

図2.1　材料の性質が加工プロセスに及ぼす影響

般に評価項目は多岐にわたるため，単一の評価値で表示することは困難である．

　工具は被削材より高硬度，高強度，高耐熱，高耐摩耗性を持つように，その材料開発が進められているが，被削材の性質を変えてその被削性を高めることも行われている．硫黄や鉛などの工具と被削材間の摩擦特性を改善する物質を添加することによって，工具摩耗の抑制や加工面の品質改善を図ることができる．このようにして被削性を改善された材料を快削金属（free machining metal）と呼んでいる．もちろん，添加物質によって本来の強度などが低下してはならない．

　材料の種々の性質は，その応力（stress）-ひずみ（strain）特性と密接に関係している．機械加工プロセスの場では，被削材と工具の相互作用によって極めて大きな応力と熱が生じ，これによって加工物には大きなひずみが高速で生ずる．このような極限的な環境下での材料の挙動は，室温，大気圧，かつ静的な状況下で求められた材料の応力-ひずみ特性とは異なることを念頭におかなくてはならない．また，材料の硬度や摩擦・摩耗特性など，被削材と工具の相互作用に直接関係する性質が重要となることも，材料特性を機械加工プロセスの立場から見る際の特徴である．

2.2　応力-ひずみ特性

　材料の種々の性質を議論するうえで出発点となるのは，応力-ひずみ特性である．ある断面積 A_i と二つの評点間の長さ L_i を持った金属試験片に引張りによる変形を与え，そのときの変形量と加えた引張り力との関係を測定する状況を想定する．最初は，変形量に比例して引張り力は増大するが，ある時点で比例関係は崩れ，その後，局所的な断面積の収縮（くびれ）を生じて引張り力は最大値を経て減少し始める．そして，さらに引張り力を加えると，くびれの部分で破断を生ずるに至る．試験片寸法（断面積と評点間長さ）の影響を除くため，試験片の元の断面積 A_i で引張り力 F を除した値（応力：σ_n）と，そのときに生ずる伸び量 $\Delta L = L - L_i$（L：変形時の評点間長さ）を元の評点間長さで除した値，すなわちひずみ $\varepsilon_n = \Delta L / L_i$ との関係で示すと図2.2 (a) のようになる．原点に近い部分の比例関係が成立する部分が弾性変形領域（elastic）で，これを超

2.2 応力－ひずみ特性

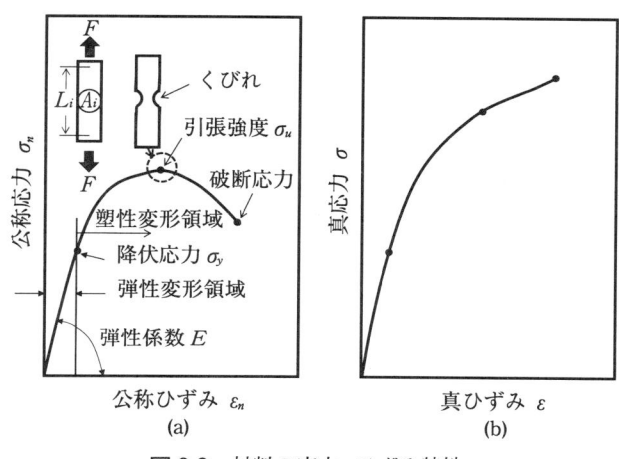

図 2.2　材料の応力－ひずみ特性

えると塑性変形領域（plastic）に入って材料には永久的な変形が残る．弾性領域での直線の勾配が弾性係数（modulus of elasticity, Young's modulus）E である．弾性限界での最大応力を降伏応力（yield stress）σ_y と呼び，くびれが生ずる時点での最大応力を極限応力（ultimate stress）あるいは引張強度（tensile strength）と呼んでいる．代表的な金属材料である鋼の弾性係数はほぼ 200 GPa，アルミニウムは 70～80 GPa である．

機械加工は，材料に永久変形や破断を生じさせるプロセスであるから，塑性変形領域での材料の挙動が重要となる．特に塑性変形加工においては，材料が破断に至るまでにどれほどまで大きな変形に耐えることができるか〔延性（ductility）と呼ぶ〕が加工の難易を左右する一つの指標になる．そこで，材料試験片に引張り力を加え，破断に至るまでに生じた変形量 L_f-L_i（L_f：破断時の長さ）と元の長さとの比を材料の伸び e（elongation）と呼び，被加工性を評価する指標の一つとして定義している．

$$e = \frac{L_f - L_i}{L_i} \times 100 \tag{2.1}$$

表 2.1 に，代表的な材料の引張強度と伸びの値を示す [1]．

図 2.2（a）に示した応力とひずみは，試験片の元の断面積と長さに対して求めたものである．しかし，変形によってこれらの値は刻々と変化しており，厳

表2.1 各種材料の引張強度と伸び(室温)[1]

	引張強度, MPa	伸び, % (試料長さ：50 mm)
アルミニウム	90	45
鋼	415〜1750	2〜65
チタン	275〜690	17〜30
セラミックス	140〜2600	0
プラスチックス	7〜80	5〜1000

密には各瞬間での値を用いなくてはならない．このようにして求めたのが真応力（true stress）σ と真ひずみ（true strain）ε で，以下の式で表される．

$$\sigma = \frac{F}{A} = \frac{F}{(L_i/L) \times A_i} = \frac{F}{A_i}\frac{L_i + \Delta L}{L_i} = \sigma_n(1+\varepsilon) \qquad (2.2)$$

$$\varepsilon = \int_{L_i}^{L} \frac{\mathrm{d}L}{L} = \ln\left(\frac{L}{L_i}\right) = \ln(1+\varepsilon_n) \qquad (2.3)$$

図2.2 (b) は，真応力-真ひずみの関係に書き直した図である．これに対し，図 (a) の関係を公称応力（normal stress）-公称ひずみ（normal strain）の関係と呼ぶ．式 (2.3) からわかるよう，ひずみが小さい範囲（0.1以下）では公称ひずみと真ひずみの差は無視できるほど小さい．

公称応力-公称ひずみ線図では，引張強度を超えると公称応力は減少していたが，真応力に換算すると破断に至るまで真応力は上昇する．これは，塑性変形領域における材料の変形抵抗が，ひずみの増大に伴って破断に至るまで上昇することを意味している．このような現象が起こる理由は，塑性変形の進行によって材料内の転位（dislocation）[*1] が動きにくくなるためであると考えられている．材料の塑性変形領域内で進行する機械加工プロセスにおいて，変形抵抗の増大は加工力の上昇を意味し，工具への負荷を増大させる負の影響を持つことになる．

2.2.1 ひずみ硬化現象

図2.2 (b) に示した関係は，塑性変形領域において，ひずみの進行に伴って材料の変形抵抗が上昇することを意味していることから，これをひずみ硬化現象（strain hardening），あるいは加工によって生ずるひずみに伴う現象として，

---

*1 転位：金属材料の結晶中に含まれる欠陥の一種．外力によって転位が移動することによって金属は破壊に至るまでに塑性変形を生ずる．

加工硬化現象（work hardening）と呼んでいる．図2.3は，図2.2 (b) の関係を両対数グラフ上で表現したものである．塑性変形領域をほぼ直線で近似することができ，

$$\sigma = K\varepsilon^n \tag{2.4}$$

と表示することができる．K を強度係数（strength coefficient），n をひずみ硬化係数（strain-hardening exponent）あるいは加工硬化係数（work-hardening exponent）と呼ぶ．ひずみ硬化係数は，材料のひずみ硬化現象を表す重要な材料特性値である．$n=1$ は弾性変形を意味しており，$n=0$ はひずみ硬化現象を伴わない完全塑性材料を意味している．金属材料のひずみ硬化係数は大略0.15〜0.45である．表2.2には，代表的な材料の強度係数 K とひずみ硬化係数 n を示した[2]．

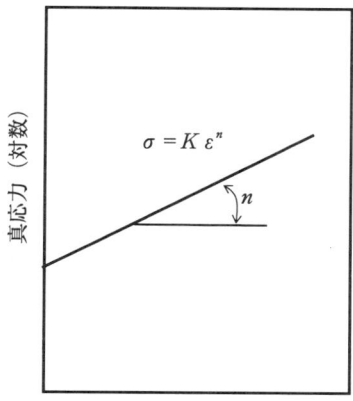

図2.3 強度係数とひずみ硬化係数

真応力-真ひずみ線図の下部で囲まれる面積は，単位体積の材料が破壊に至るまでに消散するエネルギーを表しているので，これを材料の靱性（toughness）と呼ぶ場合がある．靱性とは逆の性質を表す用語として脆性（brittleness）があるが，これは破壊に要するエネルギーが極めて小さい材料の性質を表し，このような材料は塑性変形をせずに弾性領域内で破壊に至る．

ひずみ硬化係数が，引張試験においてくびれが生ずる際の真ひずみの大きさと数値的に等しいことを以下のように証明することができる．

真応力 σ を含んだ荷重と材料断面積との関係

$$F = \sigma A \tag{2.5}$$

の全微分形式は

表2.2 代表的材料の強度係数とひずみ硬化係数（室温）[2]

	強度係数 K，MPa	ひずみ硬化係数 n
アルミニウム (1100-0)	180	0.20
鋼（低炭素鋼）	530	0.26
ステンレス (304)	1275	0.45

$$dF = \sigma dA + d\sigma A \tag{2.6}$$

である．

くびれが生ずる瞬間の荷重の勾配は $0(dF=0)$ であることと，材料の体積が一定であるという条件 $(A \times L = 一定)$ から得られる

$$A dL + dA L = 0 \tag{2.7}$$

を用いると，

$$\frac{d\sigma}{d\varepsilon} = \sigma \tag{2.8}$$

が求められ，これと式 (2.4) を用いると

$$n = \varepsilon_u \tag{2.9}$$

となる．式 (2.9) は，ひずみ硬化係数の重要な意味を表している．すなわち，ひずみ硬化係数が大きな材料は，くびれが生ずるまでに一様な大きなひずみを生ずることができるということである．これは，塑性変形加工をする際には加工部品に欠陥を生じにくくなるので，加工上有利な性質といえる．しかし一方，塑性変形領域での応力は上昇するので，加工の際に生ずる変形抵抗は増大する．特に，切削に代表される機械加工プロセスにおいては，切削抵抗を増大させて工具の損傷を促進するために通常は不利な状況を生み出す．

ひずみ硬化現象は，金属を加熱して再結晶温度（recrystallization temperature）以上にすると，原子配列が安定な状態に戻ることによって消失する．塑性変形加工においては，変形抵抗を小さく抑えたいときにひずみ硬化現象を避ける目的で材料を再結晶温度以上に加熱して加工を行う場合がある．これを熱間加工（hot working）と呼び，再結晶温度以下での加工を冷間加工（cold working）と呼んでいる．

2.2.2 環境条件が応力-ひずみ特性に及ぼす影響

機械加工の場において，加工物（被削材）と工具の接触部には巨大な応力と高温が作用する．加えて，プロセスが進行中に材料に生ずる変形の速度は，通常の材料試験と比較して極めて高速である．ちなみに，切削加工において切りくずが生成される際の材料の変形速度はほぼ $1 \sim 100\,\mathrm{m/s}$ の範囲にある．このような状況のもとで，材料の応力-ひずみ特性は室温，大気圧下でのそれとは異なり，材料の被加工性，工具の損傷に影響を及ぼす．

温度が上昇すると，金属材料の応力-ひずみ線図は図2.2に示したものとは異なって図2.4(a)のようになり，材料の降伏応力の低下，延性と靱性の上昇をもたらし，ひずみ硬化係数を減少させる．これらの変化は，おおむね機械加工をより容易なものにするように作用するが，工具の摩耗は高温下で促進される．高い静水圧下では，応力-ひずみ特性は図2.4(b)のように変化する．降伏応力までの変化に及ぼす影響は小さいが，破壊応力と破壊に至るまでのひずみ量を増大させる．これは，脆性が高い材料を機械加工す

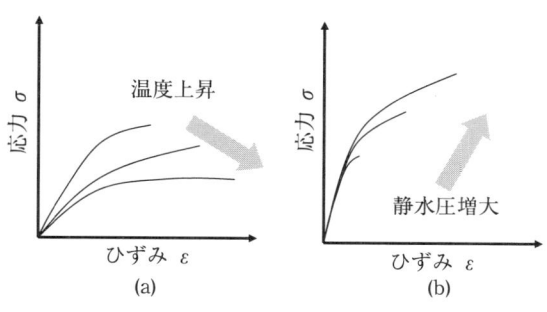

図2.4 応力-ひずみ関係に影響を及ぼす因子

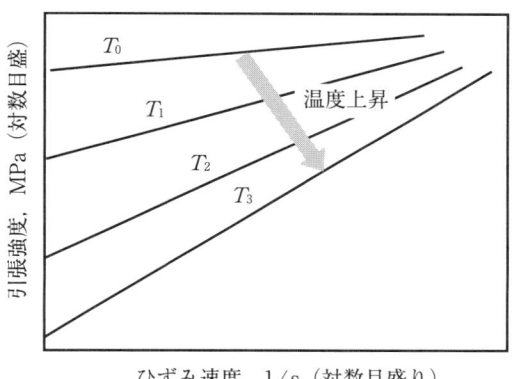

図2.5 引張強度に及ぼすひずみ速度と温度の影響[3]

るに当たって，加工表面の破壊による微小き裂の形成と進展を抑制する効果を持つ可能性がある．

また，温度上昇は，ひずみ速度が材料の引張強度に及ぼす影響を変化させる．すなわち，図2.5に示すように，ひずみ速度の上昇は材料の引張強度を上昇させるが，その影響は周囲温度の上昇に伴ってより顕著となる[3]．

2.2.3 降伏条件

機械加工プロセスにおいて，被削材は工具から大きな応力を受けて降伏し，永久変形を生じて切りくずを形成する．材料が垂直応力やせん断応力からなる複合応力を受けて降伏する限界に関しては，幾つかの仮説が提案されている．代表的な仮説の一つが最大せん断応力説（maximum shear stress theory）であ

る．これは，材料が降伏して永久変形を生ずるときには内部に滑りが生じていることから，材料内に生ずるせん断応力の最大値 τ_{max} が材料固有のせん断変形応力値 τ_{cr} を超えると材料は降伏するという仮説である．材料内にいろいろな方向の面を考えることにより，せん断応力の最大値を探索することができる．このほかにも，材料内のせん断ひずみエネルギーが限界値に達すると降伏が起こると考える最大ひずみエネルギー説などの仮説が立てられている．

たとえば，切削プロセスに最大せん断応力説を適用するなら，材料を切削する際に内部に生じている複合応力状態から計算されるせん断応力の最大値が，材料のせん断変形応力を超えたときに切りくずを形成すると仮定して切削理論を展開することができる．

主応力（principal stress）[*2] $\sigma_1, \sigma_2, \sigma_3$ を受ける材料内の 1 点における せん断応力の最大値 τ_{max} は，$\sigma_1 > \sigma_2 > \sigma_3$ と仮定すると

$$\tau_{max} = \frac{\sigma_1 - \sigma_3}{2} \tag{2.10}$$

となることから，最大せん断応力説を適用すると，降伏条件は

$$\frac{\sigma_1 - \sigma_3}{2} = \tau_{cr} \tag{2.11}$$

で与えられる．σ_1 だけが作用する単軸引張り状態のもとでの降伏条件 $\sigma_1 = \sigma_y$，$\sigma_2 = \sigma_3 = 0$ を式 (2.11) に代入すると

$$\sigma_y = 2\tau_{cr} \tag{2.12}$$

なる降伏条件が得られる．

2.3 材料の硬度

機械加工の場において，その難易を論ずる際にしばしば材料の硬さ，あるいは硬度（hardness）という値を使用する．2種類の材料を互いに接触させて押し付けたり滑らせたりすると一方が損傷を受ける．このとき，損傷を受けた材料を他方より柔らかく硬度が低いと表現する．このような材料の表面近傍の性質

[*2] 主応力：応力を受ける物体内に適当な斜面を想定すると，その面上でのせん断応力を 0 とし，垂直応力だけの成分とすることができる．これを主応力という．

2.3 材料の硬度

を表そうとするのが硬度である．工具と被削材は加工中に互いに干渉するが，当然のことながら工具は被削材より硬くなくてはならない．また，硬度が高い被削材は工具に与える損傷も激しく，加工しにくい材料ということになる．

工業的な見地から，材料の硬度表示に関しては種々の方法が提案されている．基本的には，形状を厳密に規定した十分に硬い圧子を用いて測定する．硬度を測定しようとする材料に圧子を一定の荷重を加えて押し込み，荷重を除去した後の圧痕から数値化する方法である．

代表的な硬度表示方法としては，
(1) ブリネル硬度（Brinell hardness）
(2) マイヤー硬度（Meyer hardness）
(3) ロックウェル硬度（Rockwell hardness）
(4) ビッカース硬度（Vickers hardness）

などがある．(1)，(2)，(3) は，直径を規定した球形の圧子を規定荷重で被測定材料の表面に押し込み，荷重除去後の圧痕の形状を対象とする．(1) は圧痕の表面積で荷重を除した値，また (2) は圧痕の投影面積で荷重を除した値，さらに (3) は圧痕の深さで，それぞれ硬度を定義している（図2.6）．(4) では，四角錐の圧子を使用し，圧痕面積で荷重を除する．したがって，(1)，(2)，(4) では硬度の単位は応力と同じであるが，その表示に当たっては単位を付けない．

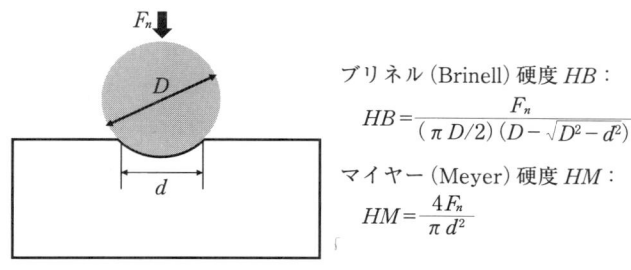

ブリネル（Brinell）硬度 HB：
$$HB = \frac{F_n}{(\pi D/2)(D - \sqrt{D^2 - d^2})}$$

マイヤー（Meyer）硬度 HM：
$$HM = \frac{4F_n}{\pi d^2}$$

図2.6 材料の硬度

図2.7は，硬度測定をした後の材料表面近傍の断面図である[4]．材料の塑性変形が内部にまで及んでおり，硬度が材料の降伏現象と密接に関係していることがわかる．

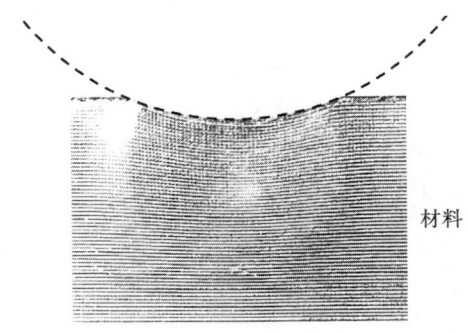

図2.7 押込み試験による材料の変形[4]

直方体の圧子を大きな表面積を持つ剛完全塑性材料の表面に押し込む状況を想定して，材料の硬度と降伏応力の関係を誘導してみよう[5]．図2.8に示すように，まず幅 a，奥行き b を持つ圧子の左端Aの位置を固定し，Aの周りに θ だけ時計回りに回転させて材料に押し込む．このときに行った塑性変形仕事 W_{p1} は

$$W_{p1} = \tau_{cr}(\pi a b) a \theta \tag{2.13}$$

である．次いで，右端Bの位置を固定して今度は反時計回りに同じく θ だけ回転させ，結果として δ の深さだけ圧子を押し込む．この回転に伴う仕事は，式(2.13)と同じ

$$W_{p2} = \tau_{cr}(\pi a b) a \theta \tag{2.14}$$

で，両者の和は総仕事量

$$W_t = F_n \delta = F_n a \theta \tag{2.15}$$

に等しい．したがって，荷重 F_n を押し込み面積 ab で除すと，硬度 H は

$$H = \frac{F_n}{ab} = 2\pi \tau_{cr} = \pi \sigma_y \tag{2.16}$$

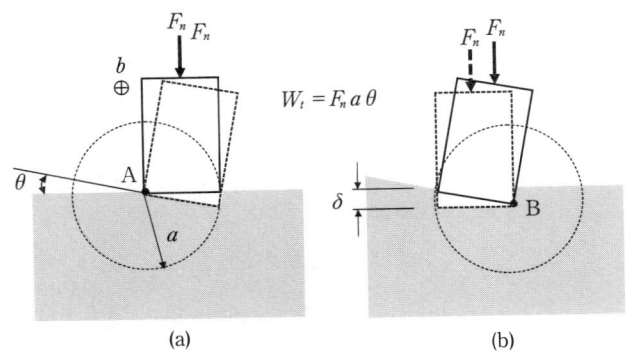

図2.8 材料の硬度とせん断強度[5]

と求められる.すなわち,最大せん断応力説を適用すると,材料の硬度はその降伏垂直応力に比例することがわかる.したがって,高硬度材料は,これを機械加工する際の抵抗力が大きく,いわゆる難削材料と呼ばれる.一方,切削工具は十分な硬度を持っていないと高能率な加工を遂行することができない.

2.4 摩擦・摩耗特性

2.4.1 凝着摩擦説

二つの固体材料が互いに接触して滑り合うと,そこには摩擦力が発生して材料の摩耗が生ずる.多くの機械システムにおいて摩擦力は熱の発生とエネルギーの消費を伴うためにできるだけ小さく抑える工夫がなされる.摩耗が進行すると,やがて部品としての機能が果たせなくなって寿命に至る.したがって,多くの場合には摩擦と摩耗を抑制するために潤滑剤の使用,接触表面への被覆などが行われる.しかし,場合によっては,摩擦や摩耗の大きさを制御,管理して有効に利用することもある.

切削点において,工具と加工物,工具と切りくずは高温,高圧下で互いに摩擦し,切削抵抗や切削熱の増大,加工面品質の劣化,工具摩耗の進行などを引き起こすなど,負の影響が大きい.

室温下で,平滑な固体表面同士を低荷重で接触させて滑らせたときの摩擦力の発生理由として広く受け入れられているのは凝着説(adhesion theory)である.互いに接触している固体表面には表面粗さと呼ばれるμmオーダの微小な凹凸があり,見かけの材料表面積の中で,実際に固体接触している面積は,図2.9に示すようにこれら微小突起部分だけである.その面積の総和は見かけの表面積よりはるかに小さく,数万分の1以下と考えられる.し

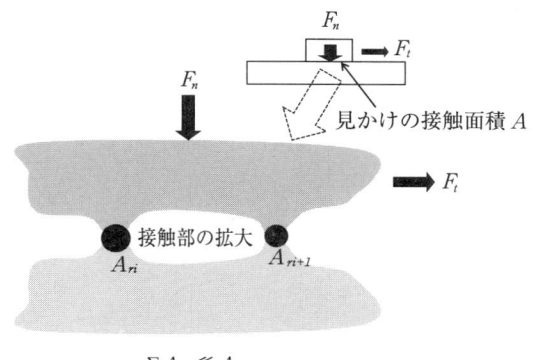

図2.9 凝着理論による摩擦力の発生機構

たがって，突起部に作用する圧縮応力は巨大なものとなり，突起部は塑性変形して凝着を起こす．材料の凝着は原子や分子の共有結合，イオン結合，ファン・デル・ワールス（van der Waals）力などによって起こる．凝着を起こした突起部の数は，押付け荷重の増大に伴って次第に増加する．接触部を滑らせるには，これら凝着部をせん断破壊する必要があり，これが摩擦力発生の理由であると考えるのが摩擦の凝着説である．

荷重 F_n で押し付け合っている材料の接触を考える．固体接触をしている一つの突起部の真実接触面積を A_{ri}，接触している突起の数を n，突起部が凝着を起こす応力が降伏垂直応力にほぼ等しいとすると，

$$F_n = \sigma_y \sum_{i=1}^{n} A_{ri} \tag{2.17}$$

摩擦力 F_t は，これら突起を破壊するせん断応力の総和であると考えると，

$$F_t = \tau_{\mathrm{cr}} \sum_{i=1}^{n} A_{ri} \tag{2.18}$$

となる．したがって，摩擦係数 μ は

$$\mu = \frac{F_t}{F_n} = \frac{\tau_{\mathrm{cr}}}{\sigma_y} \tag{2.19}$$

となり，せん断変形応力が低い材料のせん断変形応力と降伏応力の比で決定されることになる．式 (2.19) は，摩擦係数が押付け荷重，接触面積，滑り速度には依存しないというクーロン（Coulomb），あるいはアマントン（Amonton）の摩擦の法則を表している．また，式 (2.12) を適用すると，摩擦係数は硬度が低い方の材料の応力の比として 0.5 になる．接触突起部のすべてが凝着するとは限らないとすると，推定される摩擦係数はこれより小さく，式 (2.19) の結果は通常の乾燥摩擦下の値にほぼ近いものになっている．

接触突起数が押付け荷重に比例して増加するのは，比較的荷重が低い場合である．したがって，クーロンの摩擦の法則が成立するのは低荷重下での摩擦に限る．荷重がさらに増えると，図 2.10 に示すように個体接触部が次第に増加し，やがて見かけの接触面積と真実接触面積が等しくなる固着状態になる．このような状況下では，摩擦力は見かけの接触面積と材料のせん断変形応力の積に等しくなって一定値となる．したがって，このような領域では，押付け荷重

の増大に伴って摩擦係数 $\mu = F_t/F_n$ は次第に減少することになる．実際の切削プロセスで，加工物と工具，あるは切りくずと工具の間の圧縮応力は極めて大きく，両方の領域が混在する摩擦状態であると推測される．工具と切りくずの接触部は，刃先先端部では固着状態に近く，切りくずがすくい面から離脱する方向に向かって圧縮応力が次第に減少すると考えられている．

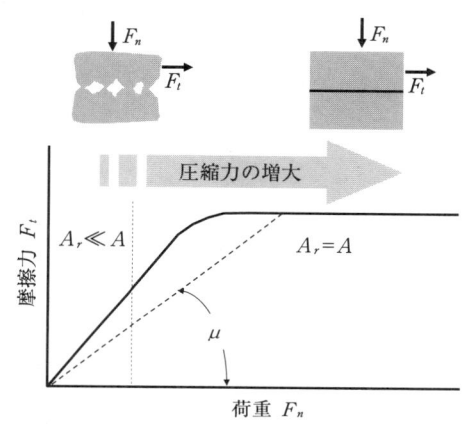

図2.10 圧縮力と摩擦係数

また，接触部温度も高温となるので，降伏応力などの材料特性値も室温のそれとは異なったものとなる．

以上では，接触面に流体などが存在しない固体接触を想定していた．しかし，摩擦を伴う機械装置やプロセスにおいては，多くの場合に摩擦によるエネルギー損失を抑制し，部品寿命を延長するために潤滑流体を固体接触部に介在させる．これによって，摩擦現象はより複雑なものとなる．流体の存在までも考慮に入れて摩擦・摩耗現象を扱う学問分野をトライボロジー（tribology）と呼んでいる．

2.4.2 材料の摩耗

凝着摩擦説によれば，互いに接触している物体に相対滑りを起こさせるには凝着部を破壊しなければならない．このとき，硬度が低い材料の突起部は失われ，摩耗粉となって摩耗が進行する（図2.11）．摩耗量 M_w は，接触滑り距離 L と真実接触面積の総和 $A_r = \sum_1^n A_{ri}$ に比例すると仮定すれば，比例定数を α として

$$M_w = \alpha A_r L \tag{2.20}$$

であるから，式 (2.16)，(2.17) を用いると，単位滑り距離当たりの摩耗量は

$$\frac{M_w}{L} = \alpha \frac{F_n}{\sigma_y} = \alpha \pi \frac{F_n}{H} \tag{2.21}$$

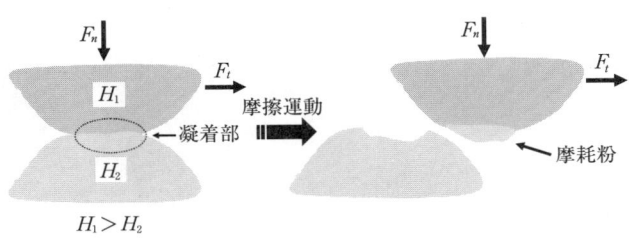

図 2.11　凝着摩耗のメカニズム

となる．したがって，単位荷重・単位滑り距離当たりの摩耗量は

$$\frac{M_w}{F_n L} = \frac{\alpha \pi}{H} \tag{2.22}$$

となり，材料の硬度に反比例する．

　一方の材料の硬度が他方に比べて著しく高く，かつ突起が大きい場合は，相手材料の表面を微小に切削しながら摩擦が進行する．このときの切削抵抗の総和が摩擦力となるが，このような摩擦現象のもとで生ずる摩耗を機械的摩耗（abrasive wear）と呼ぶ．一方，高温下での摩擦においては，材料間での拡散現象が摩耗を生ずる支配的な要因となる．このような摩耗現象を拡散摩耗（diffusion wear）と呼ぶ．これらの摩耗現象は，接触部に潤滑剤などの流体が存在すると摩擦係数と同様に大きく変化する．潤滑剤との間に化学反応が存在する場合には，腐食摩耗（corrosive wear）が生ずる可能性もある．

　機械加工においては，工具の損傷が加工の経済性を左右するので，工具の摩耗特性はとりわけ重要である．切削加工では，工具切れ刃の先端は極めて高温になるので，拡散摩耗の影響が大きくなると考えられる．また，高硬度の工具材料は脆性も高いので，微小な破壊の累積による摩耗も重要となる．

参考文献

1) S. Kalpakjian : Manufacturing Engineering and Technology, 2nd Edition, Addison-Wesley (1992) p. 65.
2) 同上, p. 70.
3) 同上, p. 75.
4) M. C. Shaw : Metal Cutting Principles, Second Edition, Oxford University Press (2005)　p. 65.
5) N. H. Cook : Manufacturing Analysis, Addison-Wesley (1966) p. 21.

第3章 工具と加工物の相互作用（1）切削加工

3.1 序　言

　切削，研削加工は，素材の不要部分を切りくずとして除去し，要求された形状に成形する除去加工プロセスの代表的存在である．各種材料への適応性の高さと，高い寸法・形状精度を達成することが可能であることから，機械，電気，電子，光学などの各種分野の部品を加工するための最も重要な技術となっている．生成する切りくずの大きさの違いから，切削と研削加工の適用領域は，図3.1のように分けられる．しかし，近年の加工技術の進歩は，このような伝統的な適用範囲を互いに超えるようになっている．

　切削加工や研削加工を実行する工作機械の運動制御技術が発達し，今日では極めて複雑な三次元形状の部品加工も可能となっている．平面，円筒外面，円筒内面，三次元曲面形状などの加工に対して適切な工作機械や工具が開発されている．本章と次章では，切削，研削加工プロセスに関する基礎事項をまとめ，工具と加工物，プロセスと工作機械の相互作用を理解する上での準備とする．

3.2　切削加工の種類

　機械加工プロセスによって加工することができる部品の最も基本的な形状を，図3.2のように直方体の系列と回転体の系列に分類することができる[1]．直方体の系列は各種構造要素の，また円筒体は軸部品の基本形状である．図(a)はその

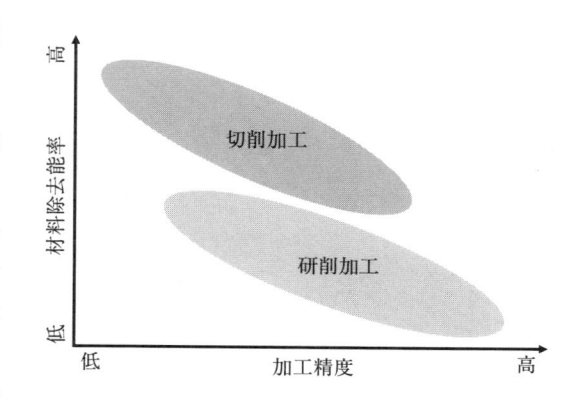

図3.1　切削加工と研削加工の適用領域

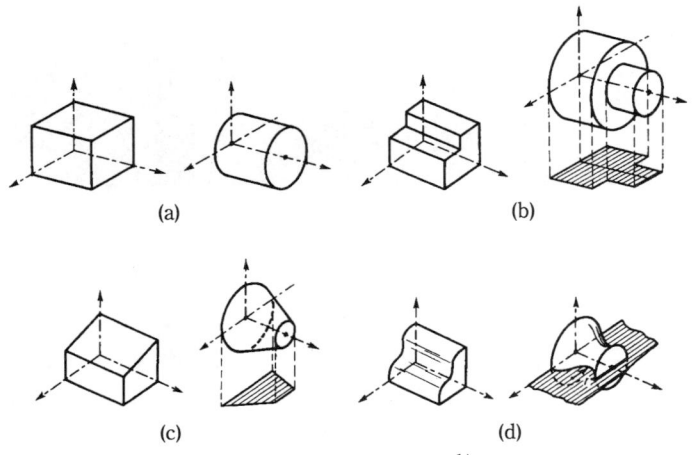

図 3.2 部品の形状分類 [1]

実体あるいは投影形状において各稜線が互いに平行か直角である形状，図 (b) は直方体と円筒体の一部が欠けている形状，図 (c) は各稜線の間に平行と直角以外のものがある形状，そして図 (d) は直線以外の稜線を持つ形状である．円筒体は，その内面が加工対象となる場合も多い．これらの形状を基本として，機械加工プロセスはねじ面，歯車の歯面，自由曲面などの機械部品を初めとする各種部品や金型に要求されるほとんどの表面形状を創成することができる．

部品の面形状が複雑になるに従い，工作機械は多くの運動の自由度を持たなければならなくなる．形状が類似している部品の加工には同種類の工作機械で対応することができる．したがって，部品形状をその類似性によって分類することは加工能率を高めるうえで有効であり，グループテクノロジー（group technology）と呼ばれている．

面の創成には，1 枚の切れ刃を持つ単刃工具を使用する場合と，複数の切れ刃を持つ多刃工具を使用する場合とがある．切りくずを生成するにはまず切削運動が必要であるが，その運動には直線運動と回転運動があり，さらに運動を工具に与える場合と加工物に与える場合とがある．回転運動の方が高速切削を達成しやすいため，切削運動には回転運動が採用される場合が多い．面の創成に当たっては，切削運動に加えて切込み運動，送り運動が必要であり，これら運動の組合せを創成運動（generating）と呼んでいる．切削運動が回転運動であ

3.3 切りくず生成機構

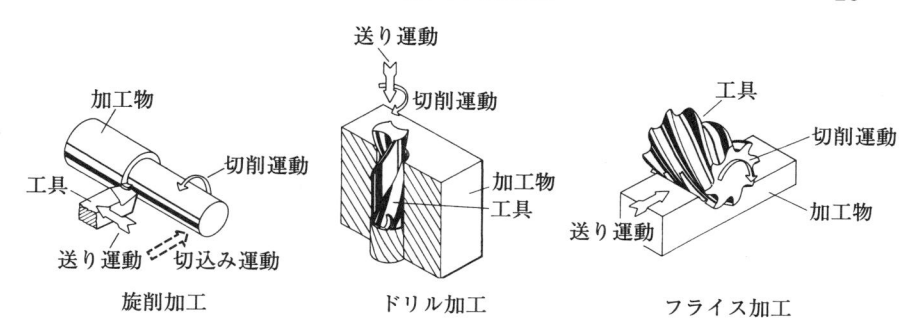

	旋削加工	ドリル加工	フライス加工
工具切れ刃	単刃	多刃	多刃
切削運動	加工物側	工具側	工具側
切削運動の種類	回転運動	回転運動	回転運動

図 3.3 各種切削プロセス（回転切削運動）

る代表的な切削加工プロセスの例を 図 3.3 に示す．工具切れ刃を加工すべき部品の表面形状を反転した形状として，その形状を切削によって転写する方式もある．このようにすることによって，創成運動に必要な運動の自由度を減らすことができる．

切削加工能率と加工精度，加工面品質の向上を目的として，切削加工に超音波振動や熱を重畳する複合加工もあるが，特殊な事例に限られている．

3.3 切りくず生成機構

図 3.4 (a) は，加工物の上面をその幅より広い幅の切れ刃を持つ工具で切削している様子である．A の方向から拡大して見ると，同図 (b) のように 1 枚の切れ刃で工作物の表面から材料を薄い切りくずとして除去している状態になる．切れ刃の稜線が速度ベクトルの方向と直角で，かつ切削幅が切込みの深さより十分に大きければ，材料の変形状態は切削幅の方向でどこでも同じとみなせる平面ひずみ状態に近似できる．このような状態での切削を二次元切削，あるいは直交切削（orthogonal cutting）と呼ぶ．

実際の工具切刃と加工物の干渉状態は，
(1) 切れ刃稜線が切削方向と直交していない，
(2) 切れ刃が直線的ではない，

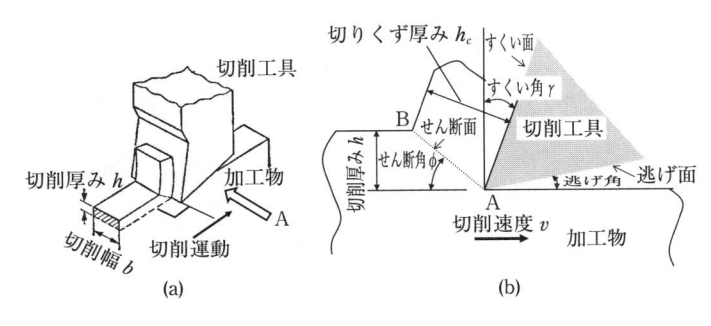

図3.4 二次元切削への近似

(3) 複数の切れ刃が材料に干渉する

など，もっと複雑であるが，切削現象の基礎を理解するうえは二次元切削への近似は有効である．

図3.5に注目してみよう．これは，二次元切削中の材料断面の顕微鏡写真である[2]．この写真から，次の3点を指摘することができる．
(1) 加工物材料内には，工具切れ刃先端との接触部分Aにおいて顕著なき裂の発生や進展が観察されない．
(2) 切りくず内の材料には，ある方向（CD方向）に滑りが見られる．
(3) 切りくずの厚みは，点Aから水平に引いた線と未切削部分の材料表面との間の距離，すなわち切削厚みより大きい．

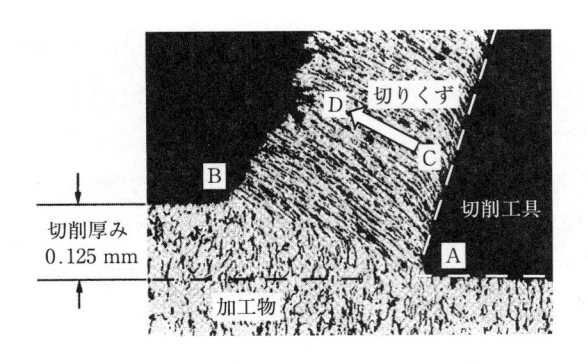

図3.5 切りくずの生成状況（被削材：鋼，切削速度：0.13 m/s）[2]

上述の結果は，切りくずの生成が，被削材内でのき裂の発生とその進展によって材料がはがれる現象によって行われているのではないことを示唆している．そして，材料内での滑り，すなわち連続的なせん断変形が切りくずを生成していることを推察させる．そこで，せん断面の面積がわか

れば，それに材料のせん断変形応力を乗ずることによって切削抵抗を求めることができ，切削理論を展開することが可能となる．もちろん，材料のせん断変形は一つの面内だけで起きているわけではなく，実際にはある領域内で生じている．

切りくずの生成は二つの新生面を創成することであるから，そのために最低限必要なエネルギーは表面エネルギーである．金属の表面エネルギーは，ほぼ $10^3\,\mathrm{erg/cm^2}$ 程度といわれている．ところが，実際の切削プロセスで消費されるエネルギーはこの10000倍以上で，切りくず生成に伴う材料のせん断エネルギーや，工具との干渉部における摩擦エネルギーが大きな割合を占めている[3]．

通常の機械部品の切削加工において生成される切りくずの厚みは，数十 μm から数百 μm のオーダで，工具切れ刃の先端丸みより大きい．このため，切れ刃先端丸みを無視して切削モデルを考えることが許される．さらに，材料の変形領域内には数多くの結晶粒が存在するので，巨視的に見て材料を均質な連続体とみなしてよいと考えられる．多くの切削理論は，このような仮定のもとに構築されたものである．しかしながら，nmオーダの切りくず厚みを対象とする超精密切削や超微細切削領域に入ると，最早工具切刃の先端は図3.4のように鋭利な形状とみなすことはできない．加えて，被削材内の個々の結晶粒の方向性や結晶粒界の影響，また材料内の欠陥などを無視することができなく

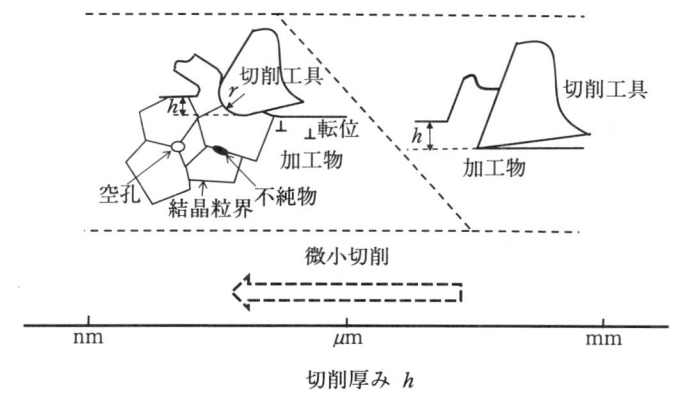

図3.6 微小切削領域での影響因子

り，古典的な切削モデルを仮定することは不適切になる（図3.6）．

3.4 切削抵抗

3.4.1 二次元切削

切りくずの生成に伴って生ずる切削抵抗の大きさを知ることは，この力によって生ずる工具-加工物-工作機械系の弾性変形や切削熱の発生量を予測して，加工誤差の評価を可能にするために重要である．図3.4（b）に示した定義量を用い，二次元切削における切削抵抗を以下のように求めることができる．ここで，材料がA-B部を通過するときにせん断変形をするとして，その面をせん断面（shear plane），また方向をせん断角（shear angle）と定義する．

図3.7に示すように，加工物に作用する切削合力の大きさを F_R とし，その作用方向はせん断面と ϕ の角度を持っていると仮定する．F_R と ϕ は未知であるが，これらを用いてせん断面に作用するせん断力 F_s を

$$F_s = F_R \cos\phi \tag{3.1}$$

と表示することができる．せん断面の面積 A_s は，切削幅を b，せん断面が水平線となす角度を ϕ とすると

$$A_s = \frac{bh}{\sin\phi} \tag{3.2}$$

で与えられる．ϕ はせん断角で，切削現象を議論するうえで重要な量である．せん断面でのせん断応力は F_s/A_s であるが，材料がせん断変形を起こしているのだから，ここに生じているせん断応力は材料のせん断変形応力 τ_{cr} に等し

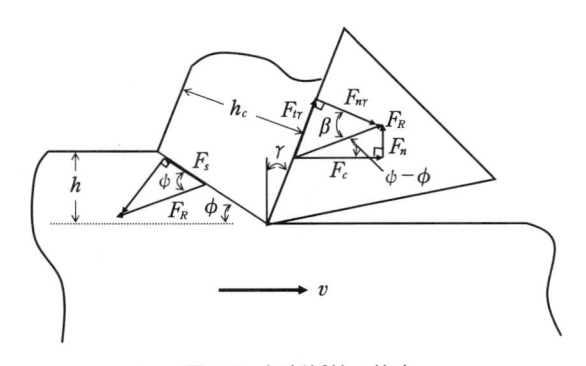

図3.7 切削抵抗の算出

$$\tau_{\mathrm{cr}} = \frac{F_s}{A_s} = \frac{F_R \cos\phi \sin\phi}{bh} \tag{3.3}$$

から，切削合力は

$$F_R = \frac{bh\tau_{\mathrm{cr}}}{\cos\phi \sin\phi} \tag{3.4}$$

となる．上式の中で，角度 ϕ と ϕ は未知量である．工具には反力 F_R が作用しているが，これを工具すくい面に沿う力 $F_{t\gamma}$ と垂直な力 $F_{n\gamma}$ に分解すると，図中の角度 β は $\tan\beta = F_{t\gamma}/F_{n\gamma} = \mu$ より工具すくい面と切りくず間の摩擦角を意味していることになる（μ：摩擦係数）．ただし，この接触部の摩擦状態は圧縮応力が極めて高く，かつ接触面上で一様ではない．加えて温度も高いために，クーロンの摩擦の法則が成立しない領域である．したがって，摩擦係数 μ はあくまで見かけの値と考えるべきである．工具すくい面と垂直軸の角度を時計回りに測ってこれをすくい角 γ とすると，幾何学的関係から

$$\phi = \phi + \beta - \gamma \tag{3.5}$$

が得られる．

工具に作用している切削合力 F_R を，切削速度 v 方向の分力 F_c と，これに直角な成分 F_n に分解する．幾何学的な関係から，それぞれの分力は以下のようになる．

$$F_c = F_R \cos(\phi - \phi) = bh\tau_{\mathrm{cr}}(\cot\phi + \tan\phi) \tag{3.6}$$

$$F_n = F_R \sin(\phi - \phi) = bh\tau_{\mathrm{cr}}(\cot\phi \tan\phi - 1) \tag{3.7}$$

通常は，分力 F_c の方が大きく，これを切削主分力と呼び，F_n を切削背分力と呼ぶ．主分力は，これに切削速度を乗ずると切削動力となるので，切削熱を議論するうえで重要となる．一方，背分力は，切削面に対して法線方向への工具や加工物の変形を引き起こすので，加工精度を議論するうえで重要となる．

式 (3.6)，(3.7) において，b，h，そして γ は切削条件と工具の選定によって決まり，τ_{cr} は被削材の種類によって決まる量である．ただし，切削中に材料が受けるひずみ速度は極めて大きいこと，切削中の温度が室温とは大きく異なり高温であること，またせん断変形部分は大きな圧縮応力を受けていること，さらにせん断ひずみが大きく，ひずみ硬化現象を無視できないことなどのため

に，低ひずみ速度，室温下での材料のせん断変形応力をそのまま適用することはできない．ϕに含まれる摩擦角βもその値を正確に知ることは困難であるが，工具と被削材の組合せが決まれば定まる量と考えてよい．しかし，せん断角ϕは依然として未知量である．切削抵抗を理論的に予測しようとするなら，せん断角の大きさを知らなければならない．

3.4.2 せん断角

せん断角の大きさは，切削抵抗の大小を決定する重要な量である．なぜなら，せん断角が小さくなるとせん断面の面積が増大し，切削抵抗の上昇につながるからである．せん断角の大きさは，切りくずの厚みを測定すれば図3.7に示した量から推測することができる．すなわち，切りくずの厚みをh_cとすれば，幾何学的考察から

$$\frac{h}{\sin\phi} = \frac{h_c}{\cos(\phi-\gamma)} \tag{3.8}$$

であるから，

$$\tan\phi = \frac{C\cos\gamma}{1-C\sin\gamma} \tag{3.9}$$

となる．ただし，$C=h/h_c$で，Cを切削比と呼んでいる．これは，切りくずが受けた変形の程度を表している．

せん断角を理論的に予測するための研究が数多く行われた．その一つは，最大せん断応力説を適用したものである[4]．被削材のせん断面近傍（断面積 A）に工具と加工物側から作用している切削力をF_Rとすると，せん断面に生じているせん断応力を角度ϕの関数として，以下のように求めることができる（図3.8）．

$$\tau = \frac{F_R}{A}\sin\phi\cos\phi \tag{3.10}$$

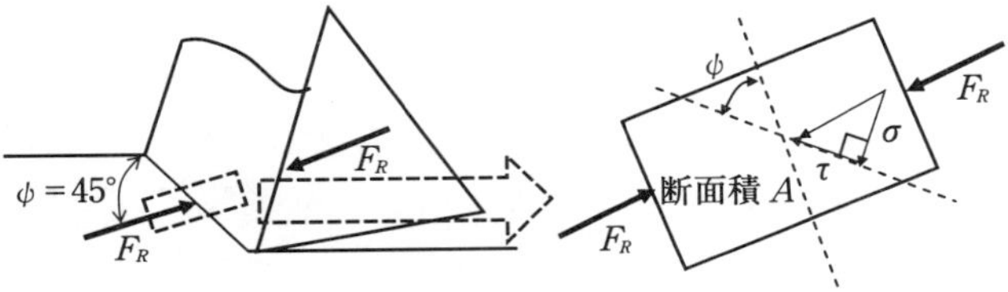

図 3.8 最大せん断応力説によるせん断角の決定

3.4 切削抵抗

せん断応力 τ は，簡単な微分計算から $\phi=\pi/4$ のときに最大値となることがわかる．したがって，最大せん断応力説を適用すると，材料はこの方向にせん断変形を起こしていることになる．したがって，式 (3.5) から

$$\phi = \phi + \beta - \gamma = \frac{\pi}{4} \tag{3.11}$$

が得られる．式 (3.11) からせん断角を決定することができる．

このほかにも，単位時間当たりの切削エネルギーが最小になるようにせん断角が決定されると考える説[5]など多くの研究結果が発表されている．最小エネルギー説を用いると，せん断角を以下のように誘導することができる．式 (3.4)，〜 (3.6) から，単位時間当たりの切削エネルギー P_c は

$$P_c = F_c v = \frac{b h \tau_{cr} \cos(\beta-\gamma)}{\sin\phi \cos(\phi+\beta-\gamma)} v \tag{3.12}$$

であるから，$\partial P_c / \partial \phi = 0$ より $\cos(2\phi+\beta-\gamma)=0$ となる．すなわち，$2\phi+\beta-\gamma=\pi/2$ と，せん断角を決定する式を求めることができる．

いずれの説においても，せん断角 ϕ は図 3.9 に示すように摩擦角 β と工具すくい角 γ の差が増大するに従い減少する傾向となっており，これは定性的に実際の現象と一致する．しかし，せん断変形が単一の面内で起こる，せん断応力がせん断面内で一様であるなどの過度な仮定のため，定量的には一致しない．

せん断角を決定することができたので，式 (3.6)，(3.7) を用いて切削条件が切削分力に及ぼす影響をある程度予測することができる．しかし，単純化された切削モデルのため，切削速度の影響を論ずることはできない．すなわち，これら式によれば切削速度は切削抵抗に影響を及ぼさないことになるが，実際には切削速度の上昇は

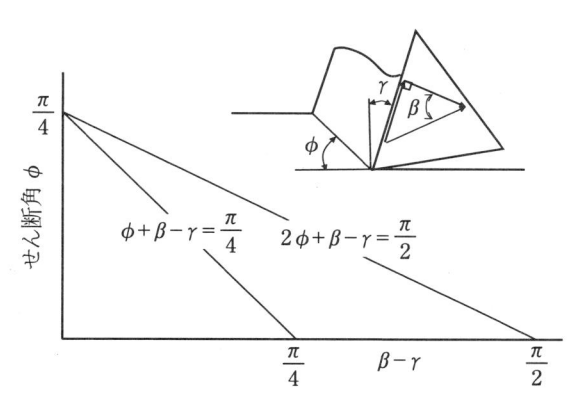

図 3.9 せん断角，摩擦角，すくい角の関係

せん断角を増大させて，切削抵抗を多少減少させる．

3.4.3 比切削エネルギーと寸法効果

切削主分力 F_c に切削速度 v を乗ずれば，単位時間当たりに消費される切削エネルギーを求めることができ，これを単位時間当たりの切削体積 bhv で除せば，単位時間・単位切削体積当たりの切削エネルギー $\overline{P}_c$ を求めることができる．

$$\overline{P}_c = \frac{F_c v}{bhv} = \frac{F_c}{bh} \tag{3.13}$$

$\overline{P}_c$ を比切削エネルギー(specific cutting energy)と呼ぶ．これは，上式のように単位切削断面積当たりの切削主分力，すなわち比切削抵抗(specific cutting force)に対応している．これらの値を各種の被削材に対して求めておくことは，切削エネルギーや切削抵抗の概略値を予測するうえで便利である．

比切削抵抗の値は，式(3.13)によれば切削厚みによっては最早変化しないはずであるが，実際には切削厚みが小さい領域で比切削抵抗が増大する関係が見られる．これを切削抵抗の寸法効果(size effect)と呼んでいる．寸法効果が発生する理由として，

(1) 切削厚みが小さくなると，相対的に切れ刃先端の丸みの影響が大きくなり，実質すくい角が減少し，負のすくい角となる場合もある．したがって，せん断角が減少して切削抵抗が上昇する

(2) 切削厚みが小さくなると，工具すくい面部分での温度が低下して摩擦角 β が増大してせん断角が減少する

(3) 材料強度の寸法効果

などが考えられている．

3.4.4 準二次元切削における切削抵抗 [6]

図3.10は，旋盤による代表的な作業である軸の外周加工の様子を示している．工具切れ刃先端の丸み半径と加工物1回転当たりの工具送り量(送り：f)が加工物半径方向への工具の切込み量 h_r に比べて十分に小さければ，切削の大部分は直線とみなせる主切れ刃Aで行われると考えてよいので，二次元切削状態に近似的することができる．ただし，図3.4に示した理想的な二次元切削とは違い，図3.10に見るように切りくずの流出方向は主切れ刃に直角ではな

い．背分力 F_n の作用方向が切りくずの流出方向（主切れ刃に直角方向と χ 傾いていると仮定）と一致するものと仮定すると，背分力 F_n を送り方向分力 F_f と切込み方向分力 F_r とに分解できる．

工具切れ刃のアプローチ角を Ω とする

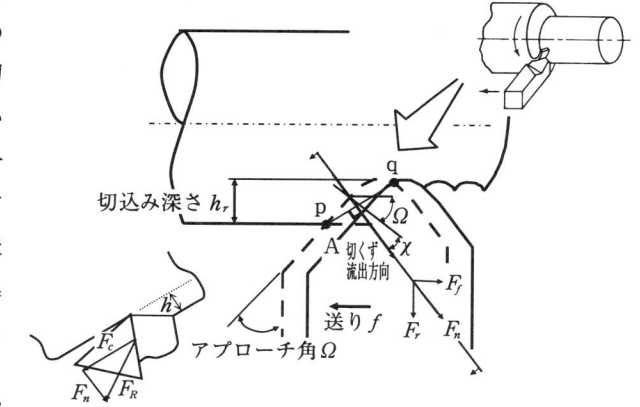

図3.10　準二次元切削[6]

と，主切れ刃による切削幅は $b = h_r / \cos\Omega$，切削厚みは $h = f \cos\Omega$ の二次元切削とみなせる．これより，図3.10に示した準二次元切削における3分力は，式 (3.6), (3.7) を参照して以下のようになる．

$$F_c = h_r f \tau_{cr} (\cot\phi + \tan\phi) \tag{3.14}$$

$$F_f = F_n \cos(\Omega + \chi) = h_r f \tau_{cr} (\cot\phi \tan\phi - 1) \cos(\Omega + \chi) \tag{3.15}$$

$$F_r = F_n \sin(\Omega + \chi) = h_r f \tau_{cr} (\cot\phi \tan\phi - 1) \sin(\Omega + \chi) \tag{3.16}$$

上式の中で，切りくずの流出方向 χ は未知量である．これに関しても多くの研究がなされている．それらの中で，Colwellの近似[7]は，その理論的な背景は不明であるが，実測値と比較的よく一致し，簡単に流出角を図式的に求めることができるので便利である．図3.10において，切りくずは工具切れ刃と加工物の接触開始点 (p, q) を結ぶ直線と直角な方向に流出するという近似である．

式 (3.16) で与えられる切込み方向分力 F_r は，軸形状の部品加工をする際にはその加工誤差を小さく抑えるうえで特に重要である．すなわち，この分力が増大すると，工作物半径方向における工具-加工物系の弾性変形量が増加し，直径誤差発生の原因となるからである．切削合力がどの方向に作用するかを知ることは，加工精度や加工プロセスの動的安定性を議論するうえでも重要である．なぜなら，工作機械の剛性には方向性があり，切削力の作用方向によって変形量が異なってくるからである．

3.4.5 多刃工具切削における切削抵抗

ドリル工具やフライス工具による切削加工は，複数の切れ刃によって行われる．その状況は，連続した一定厚みの切りくずを生成する二次元切削とは異なり，切りくず厚みが変化する分断された切りくずの生成である．図3.11に示す平フライス加工における切りくずの断面形状は，切削方向にその厚みが変化する．切削抵抗の最大値が加工条件によってどのように変化するかは，切削厚みの最大値 h_{max} を幾何学的考察から求めることによって推定可能である．フライス工具の直径 D が切込深さ h_r と切れ刃当たりの送り $f_t = v_f/(zN)$（v_f：加工物送り速度，z：切れ刃数，N：工具回転数）より十分に大きいと仮定すると，切削厚みの最大値は $h_{max} = (D/2) - (D/2)'$ を計算することによって近似的に

$$h_{max} \approx 2f_t \sqrt{\frac{h_r}{D}} \tag{3.17}$$

と求められる．

式 (3.17) に見られるように，送りや切込み深さだけではなく，工具の直径や切れ刃数によっても切削厚み，すなわち切削抵抗が異なってくる．また，フライス加工においては，切削速度の方向と送り速度の方向の組合せの違いよって切りくずの生成状態が異なってくることにも注意が必要である．

切削点において，両方の速度ベクトルが同方向の場合を下向切削（down-cut），逆方向の場合を上向切削（up-cut）と呼ぶ．切れ刃が工作物に貫入する際の角度に両者の間で大きな違いが生ずる．上向切削の場合は，切りくず厚み

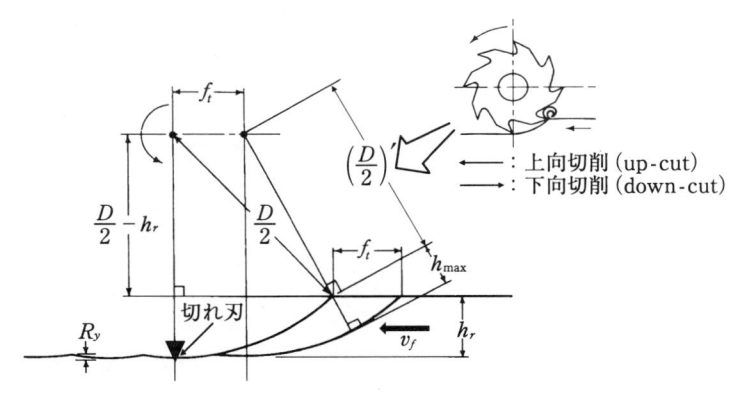

図3.11 フライス工具による加工

が切削開始から徐々に増加するのに対して，下向切削においては増加の割合が急である．切れ刃の工作物への貫入は下向切削の方が容易となる．上向切削の場合には，切込み深さが小さい期間は切れ刃が加工物に貫入しにくく，被削材の表面を滑る状態が起きやすい．このような切りくず生成の違いは，工具切れ刃の摩耗の進行や切削面の品質に影響を及ぼす．図3.11に示したように，加工後の表面には高さ R_y の凹凸（表面粗さ）が形成される．

3.5 切削温度

3.5.1 発生熱量

切削において消費されるエネルギーの大部分は熱に変換される．切削時に発生する力と同様に，発生した熱はいろいろな形で切削プロセス自身と工具，加工物，そして工作機械に影響を及ぼす．まず，微視的には被削材の変形特性を変化させると同時に，工具の摩耗，加工面の品質，切りくず形状に影響を与える．巨視的には工具，加工物，さらに工作機械に熱変形を引き起こす．これらの中で，工具摩耗の促進，加工面における加工変質層の形成，工作機械の熱変形は，切削熱の悪影響として特に重要である．高温の切りくずは，その排除が不十分な場合に工作機械のテーブルやベッドに堆積して工作機械構造に大きな熱変形を生ずる．工作機械構造の材質を鋳鉄と仮定すると，その熱膨張係数は 1×10^{-5} のオーダであるから，代表寸法1mの部分を考えると，温度が1℃上昇しただけで $10 \mu m$ もの熱膨張を引き起こすことになる．今日の高精度・高剛性工作機械において，加工誤差発生の主要な原因は工作機械の熱変形であるといわれており，精密加工を達成するうえで切削熱の問題は重要である．

ここでは，二次元切削を仮定して，切削条件によって発生熱量がどのように変化するかを考察する．切削主分力を F_c，切削速度を v とすると，切削に消費される単位時間当たりのエネルギーは $F_c v$ で，切削厚みを h，切削幅を b とすると，単位切削体積当たりでは $F_c/(hb)$ となる（これを比切削エネルギー P_c と呼ぶことは既に3.4.3項で述べた）．これらのごく一部は表面エネルギーやひずみエネルギーとして蓄積されるが，大部分は熱として放散される．

切削熱が発生する場所は，図3.12に示す加工物せん断面①，工具すくい面と切りくずの摩擦部分②，そして工具逃げ面と加工面との摩擦部分③である．

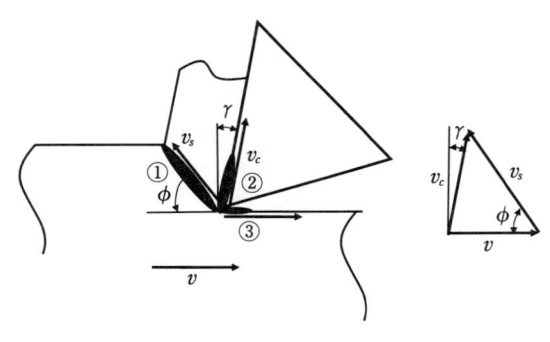

図 3.12 切削熱の発生箇所と伝導

ただし，3番目の熱源は，逃げ面での摩耗が発達していない新しい工具による切削の場合は省略してよいであろう．

切削主分力と背分力を測定することができれば，以下のようにせん断面と工具すくい面摩擦部分での発生熱量を推定することができる．図3.12に示す速度線図から，切削速 v，工具すくい面に沿う切りくず流出速度 v_c，せん断速度 v_s の関係は

$$\frac{v}{\cos(\phi-\gamma)} = \frac{v_s}{\cos\gamma} = \frac{v_c}{\sin\phi} \tag{3.18}$$

となる．また，せん断力 F_s と工具すくい面での摩擦力 $F_{t\gamma}$ は，切削主分力 F_c と背分力 F_n から，それぞれ

$$F_s = F_c \cos\phi - F_n \sin\phi \tag{3.19}$$
$$F_{t\gamma} = F_c \sin\gamma + F_n \cos\gamma \tag{3.20}$$

であるから，せん断面での単位時間当たりの発熱量 Q_s は

$$Q_s = F_s v_s = (F_c \cos\phi - F_n \sin\phi)\frac{\cos\gamma}{\cos(\phi-\gamma)} v \tag{3.21}$$

となる．さらに，工具すくい面での発熱量 Q_γ は

$$Q_\gamma = F_{t\gamma} v_c = (F_c \sin\gamma + F_n \cos\gamma)\frac{\sin\phi}{\cos(\phi-\gamma)} v \tag{3.22}$$

である．せん断面面積が $bh/\sin\phi$，工具すくい面での切りくず接触長さを L_γ とすると，単位時間・単位面積当たりの発熱量 q_s, q_γ は，

$$q_s = \frac{Q_s \sin\phi}{bh} \tag{3.23}$$

$$q_\gamma = \frac{Q_\gamma}{bL_\gamma} \tag{3.24}$$

となる．

図3.13に示すように点pから切削合力 F_R に平行に引いた線より上部には力が生じず，かつすくい面上の応力分は均一であると仮定すると，幾何学的関係からすくい面における切りくずの接触長さ L_γ は，

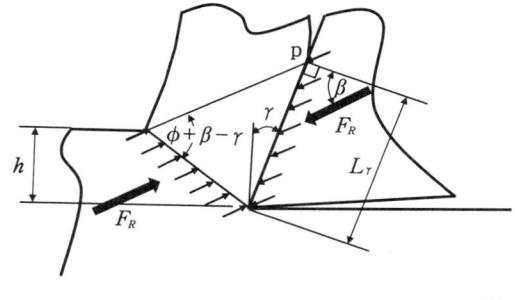

図3.13　切りくずと工具すくい面の接触長さ [8)]

$$L_\gamma = \frac{h\sin(\phi+\beta-\gamma)}{\sin\phi\cos\beta} \tag{3.25}$$

と求められる [8)]．実測値は，式(3.25)より通常は大きいが，傾向はよく一致する．

3.5.2　切削熱の流入割合

せん断面，工具すくい面近傍，そして工具逃げ面摩擦部で発生した熱は，加工物，工具そして切りくずに伝導する（図3.14）．加工物に流入した熱は，これを加熱して熱膨張を引き起こし，場合によっては加工変質層を形成する．また，被削材を軟化させて，切りくず形態を変化させる場合もある．工具に流入した熱は，工具摩耗を促進させる．また，加熱と冷却が繰り返される場合には，熱疲労によって工具にき裂の発生と微小破壊を生じさせる．切りくずに流入した熱は，これが工作機械のテーブルやベッドに堆積して大きな熱変形を引き起こす．このように，切削熱の発生は切削加工プロセスを遂行するうえで種々の

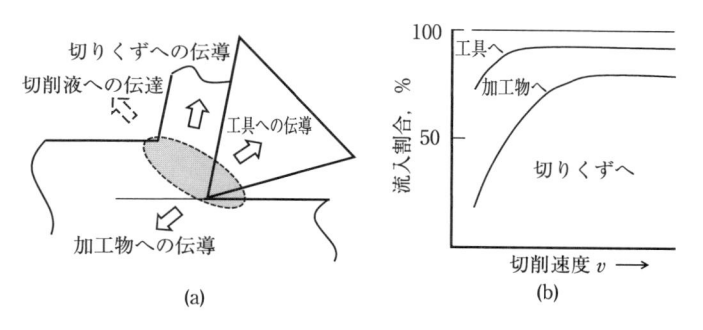

図3.14　切削熱の伝導と流入割合

障害をもたらす場合が多いので，熱の流入割合を知ろうとする実験的・理論的研究が多数行われてきた．重要な結論は以下のとおりである．
（1）切りくずに流入する熱の割合が一番多く，切削速度が上昇するとその傾向が強まる．
（2）せん断面で発生した熱が加工物に流入する割合は，切削速度，切削厚み，せん断角が大きいほど減少する．

実際の切削作業においては，発熱と工具摩耗の抑制，切削抵抗の低減を目的として切削液が供給され，発生熱量の多くは切削液によって持ち去られる．

3.6 被削材に生ずるひずみとひずみ速度

切りくず生成の過程で加工物が受けるひずみの大きさは，加工物の加工硬化の程度や切りくず形態に，そしてひずみ速度は加工物の変形特性に影響を持つので，切削プロセスを考察するうえで重要である．

図3.15に示すように，被削材がせん断面を通過するときに受けるせん断ひずみの大きさ ε_s は平行四辺形ABCDがaBCdに変形することから

$$\varepsilon_s = \frac{\overline{Aa}}{\overline{BE}} = \frac{\overline{AE}}{\overline{BE}} + \frac{\overline{Ea}}{\overline{BE}} = \cot\phi + \tan(\phi - \gamma) \tag{3.26}$$

となる．

通常は $\cot\phi \gg \tan(\phi-\gamma)$ なので，せん断角が大きいほどせん断ひずみは小さくなる．これまでの議論では，せん断面は厚みを持たないと仮定していたが，実際にはある有限の厚みを持つと考えるのが現実的である．そこで，せん

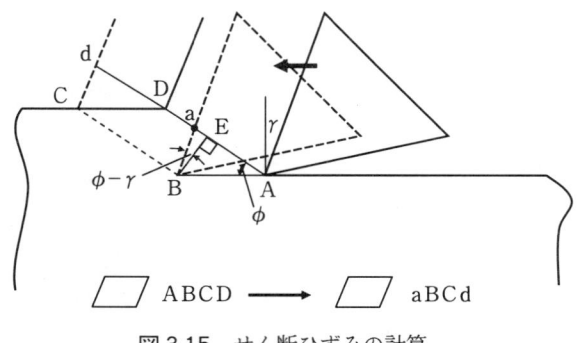

図3.15 せん断ひずみの計算

断変形部分の厚みを $\varDelta y$ とすると，式 (3.18) からせん断速度は

$$v_s = \frac{\cos\gamma}{\cos(\phi-\gamma)} v \tag{3.27}$$

であるから，せん断ひずみ速度 $\dot{\varepsilon}_s$ は

$$\dot{\varepsilon}_s = \frac{\cos\gamma}{\cos(\phi-\gamma)} \frac{v}{\varDelta y} \tag{3.28}$$

となる．

　実際に，せん断部分の厚みを推定することは難しいが，おおむね数十μm以下であると仮定して式 (3.28) を適用すると，切削における被削材のせん断ひずみ速度は $10^4 \mathrm{s}^{-1}$ のオーダとなる[9]．通常の引張り材料試験の際に設定されるひずみ速度の大きさが $10^{-3}\mathrm{s}^{-1}$ のオーダであることを考えると，切削の際に被削材が受けるひずみ速度は極めて大きいことがわかる．

3.7 切りくず形態と形状

　切りくずは，それが生成される際の局所的な「形態」と生成後の外観「形状」の観点から分類することができる．切りくずの観察は，その形態と形状から切削状態の良否をある程度判断することができることと，切りくず処理という実作業上の問題からも重要である．連続的な切りくずが滑らかに生成されていれば，加工面の粗さに代表される品質も良好な場合が多いが，逆に切りくずが加工物や工具に絡みついて事故を起こしたり，仕上げ加工の際に加工面に擦痕を付けるなどの問題を引き起こす場合もある．

　ここでは，最も簡単な分け方として，切りくずの形態を図3.16に示すように「流れ型」，「せん断型」，そして「き裂型」の3種類に分類する[10]．流れ型は，延性材料の切削において生成され，せん断面での被削材滑りが連続的に起こることによって生成される極めて滑らかな切りくず形態である．切削抵抗の変動も少ないために良好な加工面が形成される．しかし，旋削作業のように被削材と工具の接触が連続的な場合には，長く連続した切りくずが工具や加工物に絡みつくという重大な問題もはらんでいる．このため，切りくずを強制的に分断するために，工具すくい面にチップブレーカ（chip breaker）と呼ぶ特別な形状を付与することが必要となる．せん断型切りくずは，切りくずの間欠的破壊を伴

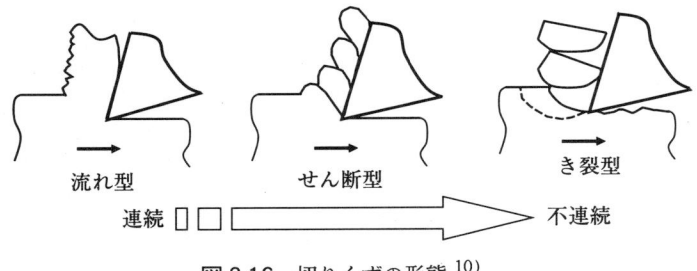

図 3.16 切りくずの形態 [10]

うもので，切削抵抗にはその周期に伴う変動が見られ，加工面粗さの劣化につながる可能性がある．せん断型切りくずは，被削材に大きなひずみを生ずる切削条件のときに生成され，切りくずは間欠的に分断することもある．き裂型は，主として脆性材料の切削時に見られる形態で，被削材内のき裂の生成と進展によって切りくずが生成される．このとき，被削材の加工面粗さは劣化し，粉状の切りくずが工作機械の主軸や案内面に侵入して問題を起こす可能性もある．

上述した切りくずの3形態は，図3.17に示すように被削材の変形特性と切削条件の組合せによって生ずると考えることができる [11]．式(3.26)で計算される切削中のせん断ひずみが，被削材にくびれが生ずるときのひずみより小さい場合には流れ型切りくずが生成され，また被削材の破断ひずみより大きいときにはせん断型切りくずになると考えられる．塑性変形を伴わない脆性材料の場合には，き裂による切りくず生成が主体となる．材料特性は温度によって変化するから，切削温度の上昇は切りくず形態をも変化させる．式(3.26)から，せん断角を減少させる切削条件，すなわち工具すくい面と切りくず間の摩擦角 β の増大と工具すくい角 γ の減少は，せん断型切りくずの生成につながること

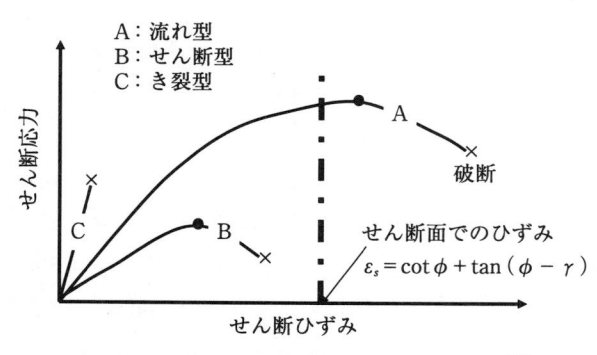

図 3.17 材料特性による切りくず形態の違い [11]

A：流れ型
B：せん断型
C：き裂型

せん断面でのひずみ
$\varepsilon_s = \cot\phi + \tan(\phi - \gamma)$

になる.

切りくずは，その生成時に大きなひずみを受けるため，加工硬化を起こしている. そのため，切りくずの強度と硬度は母材よりも増大しており，材料としての性質も変化している.

生成された切りくずをカールの方向と曲率の違い，また長さの違いによって

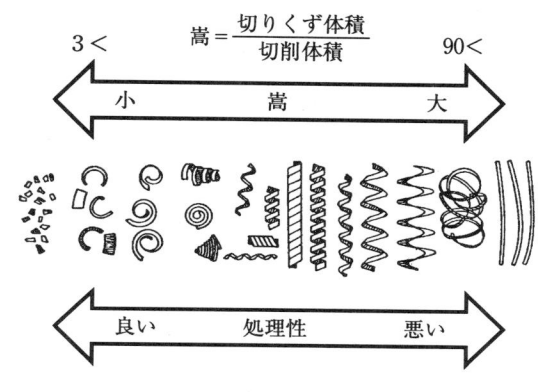

$$嵩 = \frac{切りくず体積}{切削体積}$$

図3.18 種々の切りくず形状

種々の形状に分類することができる（図3.18）. 長く連続した切りくずは嵩も大きくなり，処理性が悪い. ドリル工具による穴あけ加工においては，切りくず形状が工具溝からの切りくず排出性に大きな影響を持つので，特に重要である. なぜなら，不適切な切りくず形状による切りくず詰まりは工具の折損を引き起こすからである.

3.8 構成刃先の形成と抑制対策

延性が高い材料を比較的低切削速度で切削すると，工具刃先に図3.19に見られるような堆積物が付着する場合がある. これは，被削材が溶着したもので構成刃先（built-up edge）と呼ばれる. 構成刃先は，切削時間の経過に伴って成長と脱落を繰り返し，加工結果に以下のような悪影響を持つ.

(1) 工具刃先の鋭利さが失われることによる加工面粗さの劣化
(2) 刃先位置の変動による加工寸法精度の低下
(3) 構成刃先の脱落に伴う工具刃先の欠損

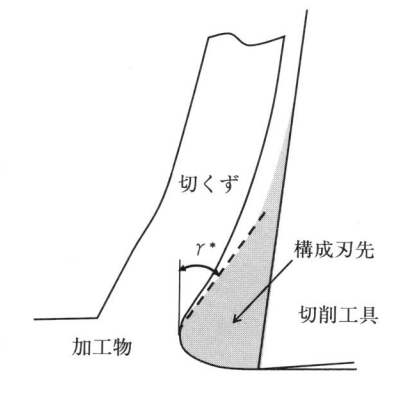

図3.19 構成刃先

これら障害をもたらすため，通常は構成刃先の形成を抑止しなければならない．しかし，微小な構成刃先を安定した大きさで維持することができるなら，工具刃先の摩耗を抑制し，切削抵抗を低下させるという好ましい結果につながる可能性もある．切削抵抗が低下する理由は，図3.19に見られるように工具刃先の実質的なすくい角 γ^* が増加し，せん断角が増大するからであると考えられる．

構成刃先の形成は，以下の因子によって影響される（図3.20）[12]．
(1) 工具材料と加工物材料の親和性
(2) 工具と加工物間での介在物の有無
(3) 切削点温度と応力
(4) 加工物材料の加工硬化特性

材料同士の親和性が高いと，構成刃先は形成されやすく，介在物が存在すると形成されづらくなる．したがって，被削材と親和性の低い工具材料の選択が重要となる．切削液の供給による介在物の付与も構成刃先形成の抑止に有効である．構成刃先の形成は，工具刃先への被削材の溶着現象とみなすことができるから，高温，高圧の切削点はその条件を満たしているといえる．また，構成刃先はそれ自身で加工物を切削しているので，十分な硬度を持っていなければならない．被削材は，切削される際に生ずる大きなひずみによって加工硬化を起こしてこの条件を満足するようになると考えられる．実際に，切りくずの強

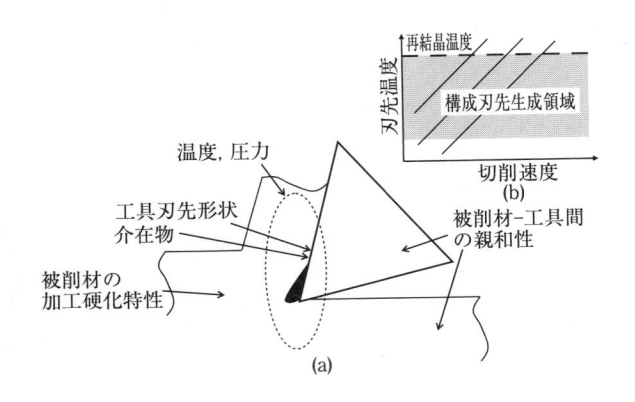

図 3.20　構成刃先の生成に関与する因子 [12]

度や硬度を測定した結果は，この推測を裏づけている．切削点の温度が上昇して被削材の再結晶温度以上になれば，加工硬化現象が消滅するから構成刃先は消失する〔図3.20 (b)〕[12]．以上のことから，構成刃先形成に対する切削液供給の影響は複雑である．すなわち，介在物としては構成刃先の形成を抑止する効果があるが，切削点温度を下げるという点では，材料をその再結晶温度以下に下げて構成刃先の形成を助長する場合もありうるからである．

上述の結果から，構成刃先の実際的な抑制対策として，冷却効果より潤滑効果を優先させた切削液の供給が挙げられる．加えて，工具刃先の形状にも工夫の余地がある．すなわち，実際に形成された構成刃先の形状が，実質的な工具すくい角が約30°になるように形成されるという観察結果から，すくい角をなるべく大きくして30°に近づけることである．しかし，このような形状にすると工具切れ刃の強度が下がることに留意しなければならない．

3.9 切削加工面の品質

3.9.1 表面粗さ

加工面の表面粗さは，美観上からだけなく部品の耐摩耗性，疲労強度，密封性，熱伝導性，電気伝導性，光の反射性などの性能を左右するので重要である．

図3.21に示す旋削による外周切削を想定する．工具と加工物間には相対振動が存在せず，工具刃先には構成刃先の形成もないという理想的な状態を考え

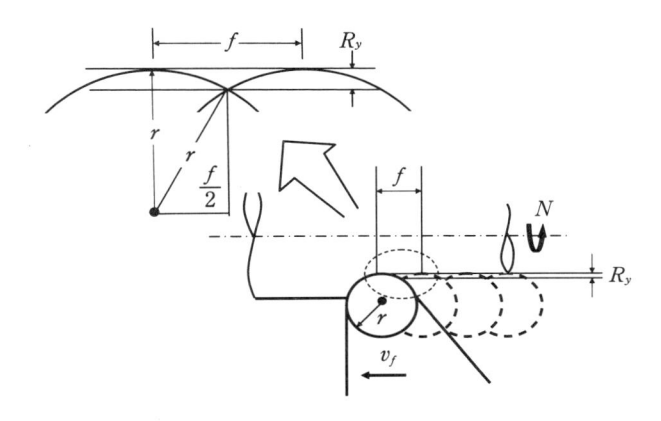

図3.21 旋削によって生成された表面粗さ

る．このとき，加工物の表面には工具刃先の形状がら旋状に転写されることになるはずである．したがって，このら旋の溝に沿った方向の粗さは0で，凹凸が皆無な面となる．しかし，加工物の軸方向には送りに対応した凹凸が形成され，これが表面粗さとなる．図3.21に示すように，切込み深さが小さく工具刃先の丸み部だけで仕上げ面が形成されると仮定すると，工具切れ刃先端の丸み半径をr，工具送りをf（$=v_f/N$．v_f：工具送り速度，N：加工物回転数）として，転写された工具軌跡の凹凸高さ（最大高さ粗さ）R_yは近似的に次式で与えられる．

$$R_y = r - \frac{1}{2}\sqrt{4r^2 - f^2} \approx \frac{f^2}{8r} \tag{3.29}$$

この式から，表粗さを向上するには送りを小さくすればよいことがわかるが，加工物回転数が一定の場合には，工具送り速度を下げなければならず，加工時間の増大を招く．また，工具切れ刃先端の丸み半径を大きくすることも考えられるが，このとき加工物半径方向の切削抵抗分力が増大し，寸法精度低下の恐れが増す．

実際の表面粗さは，式（3.29）で計算された値より大きくなる．その理由は，工具-加工物間の相対振動の存在，構成刃先の形成，工具刃先の形状劣化などがあるからである．

3.9.2 加工変質層

表面粗さは部品表面の幾何学的な品質評価項目であるが，加工プロセスは被削材に材質的な変化をももたらし，疲労強度や電気的性質に影響を及ぼす．

切削加工時に，被削材は激しい塑性変形を起こし，高温下にさらされる．その影響は，切削によって生じた新生面にも及ぶ場合が多い．このようにして，形成された母材とは材料的な性質が異なる層を加工変質層と呼び，切削条件によってはその層の厚みは数百μm程度にもなる．具体的には，結晶組織や硬度の変化，残留応力（residual stress）の発生などが問題となる．切削時の塑性変形によって，材料は加工硬化を起こして母材より硬くなるが，同時に切削熱による焼なまし効果によって逆に軟化することもありうる．実際には，これら両者の兼合いによって加工表層部の硬度が材料内部の値とは異なってくる（図3.22）．切削加工では硬度が上がることが多いが，焼入れ鋼を研削加工するよ

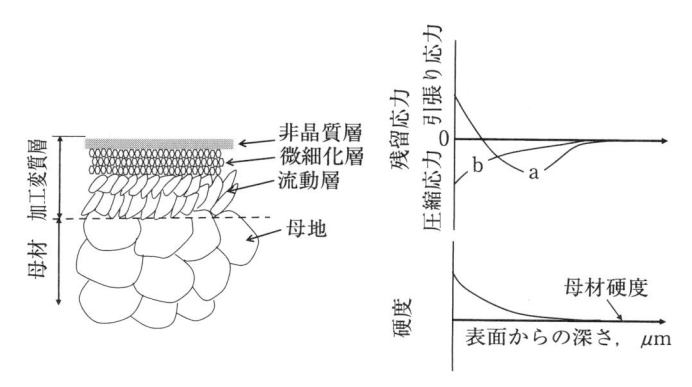

図 3.22　加工変質層

うな場合には，逆に軟化して問題となることもある．

　切削中に被削材に作用する切削熱と塑性変形は，材料内部に残留応力を発生する．これも，両者の作用の兼合いによって圧縮応力が残る場合と，引張り応力が残る場合がある．圧縮残留応力は，部品の疲労強度を増大させるので好ましい効果となるが，引張り残留応力は疲労強度を下げるので問題である．また，これら残留応力は，厚みが薄く剛性が低い加工物の場合には弾性変形を起こして加工精度維持のうえで障害となる．

　加工変質層の発生を抑制するには，せん断角が増大して加工物に生ずるせん断ひずみ領域が小さくなる切削条件を設定し，潤滑と冷却効果が高い切削液を供給することが必要である．

3.9.3　バ　　リ

　切削加工において，工具切れ刃が加工物から離脱する部分には，図 3.23（a）に示すように被削材が加工表面より切削方向に流動したような形状が残る場合がある．これをバリ（burr）と呼ぶ．ドリルによる穴あけ加工の場合には，このようなバリが加工穴の出口部に形成される可能性がある．バリの形成は，部品組立ての際に大きな障害となるので，その形成を抑止する切削条件の選定や，それが困難な場合にはバリの除去（deburring）が必要となる．

　延性材料の切削において，バリは形成されやすく，特に微細部品の切削において大きな障害となる．一方，脆性材料の切削においては，加工物の同様な場所において生ずる材料の欠けが問題となる．

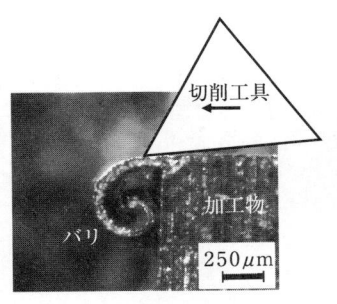

(a) 切削終了時でのバリの形成　　(b) ドリル加工出口部でのバリの形成

図 3.23　バリの形成

3.10　工具損傷と最適切削条件

3.10.1　工具損傷の種類

切削工具は，切削中に作用する大きな応力と熱によって各種の損傷を受ける．切刃部分の欠損，小径ドリルにおいて発生しやすい折損，そして切削時間の経過に伴って次第に発達する摩耗が代表的である．切削工具には高い硬度が要求されるために脆性が高いものが多く，切削抵抗が繰り返し作用する断続切削において欠損や折損が生じやすい．これらの損傷は，工具材料中の欠陥が原因となって起こることが多く，その発生を予測することは困難である．一方，工具摩耗はその発達をある程度予測することが可能である．

工具切れ刃に生ずる摩耗は，その発生場所によって逃げ面摩耗 (flank wear)，境界摩耗 (groove wear)，クレータ摩耗 (crater wear) に分けられる (図 3.24)．逃げ面摩耗は，これが発達すると，以下のような障害発生の原因となる．

(1) 切れ刃先端の位置が後退することによる加工誤差の発生 (部品寸法の増加)
(2) 切削抵抗の増大によって増加する機械系弾性変形による加工誤差の発生 (部品寸法の増加)
(3) 切削熱の上昇に伴う工具と加工物の熱膨張による加工誤差の発生 (部品寸法の減少)
(4) 切削新生面との摩擦による加工表面粗さの増大

3.10 工具損傷と最適切削条件　　45

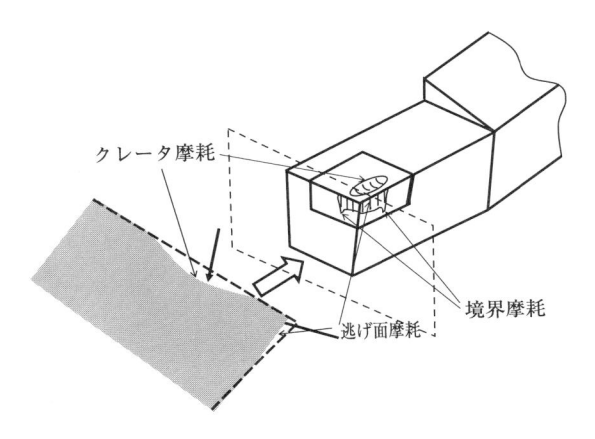

図3.24　切削工具の摩耗

(5) 加工変質層の増大

　摩耗による刃先の後退はある程度予測可能であるが，弾性変形や熱膨張の影響が重畳されると，工具逃げ面摩耗が加工誤差に及ぼす影響を予測することが困難となり，工具を交換しなければならなくなる．逃げ面摩耗量は，その摩耗幅によって定量的に評価されている．

　工具逃げ面にはあらかじめ逃げ角（clearance angle）が設けられており，新生面との摩擦は生じないはずであるが，実際には切削抵抗による新生面の局所的弾性変形によって工具逃げ面との間で摩擦が発生すると考えられる．

　境界摩耗は，工具切れ刃と加工物の接触境界部に生ずる局所的な摩耗で，この部分での大きな応力勾配や温度勾配が原因であると考えられている．前逃げ面における境界摩耗の発達は，加工面の粗さを劣化させることになる．

　クレータ摩耗は，切りくずとの摩擦によって工具すくい面に生ずる窪みであり，これが発達すると刃先断面積の減少によって切れ刃強度が低下し，切れ刃の欠損につながる．クレータ摩耗量はその深さによって評価され，規定値に達すると工具は寿命に達したと判定される．

　クレータ摩耗が，切れ刃稜線より内側のすくい面に生じている事実は，切れ刃最先端部では切りくずがすくい面と摩擦をせずに，切りくず自身のせん断変形によって切りくずの移動が行われている証左と考えることができる．

3.10.2 工具摩耗の原因

固体同士が摩擦し合う部分で生ずる摩耗現象は，温度などの環境条件の違いによって種々の形態があり，また複合して起こることも考えられる．加工物との摩擦で生ずる切削工具の摩耗に関しては，以下の機構が考えられる．

(1) 加工硬化を起こした微細な切りくずによる機械的摩耗（abrasive wear）
(2) 凝着摩耗（adhesion wear）
(3) 拡散摩耗（diffusion wear）
(4) 化学的摩耗（chemical wear）

これらの摩耗は，切削点温度の関数として図 3.25 のようにそれぞれの寄与の程度を定性的に示すことができ[13]，総摩耗量は切削温度の上昇によって増大する．

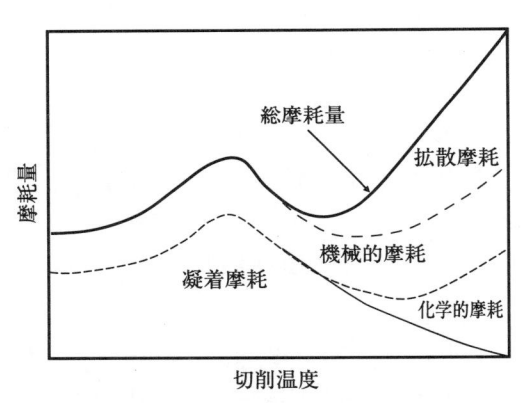

図 3.25 摩耗現象に及ぼす温度の影響[13]

3.10.3 工具寿命と最適切削条件

工具に生ずる摩耗は，その大略を図 3.26 (a) に示すように，切削時間の経過に伴って初

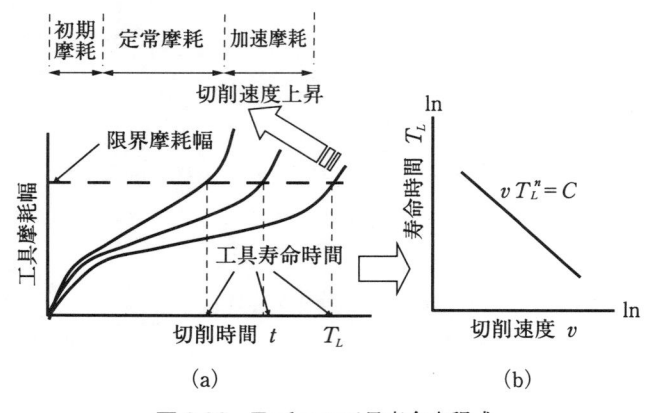

図 3.26 Taylor の工具寿命方程式

$$vT_L^n = C$$

期摩耗,定常摩耗,加速摩耗の過程を経て発達する.そして,切削速度が上昇して切削点温度が高くなると,摩耗の進行速度が速くなる.ある許容値まで発達すると種々の障害が顕著になるので,工具を交換しなければならなくなる.この時点までの累積切削時間を工具寿命時間(tool life)と呼ぶ.F.W.Taylorは,工具逃げ面摩耗の発達において切削速度 v と工具寿命時間 T_L の間に

$$v T_L^n = C \tag{3.30}$$

なる関係があることを実験的に見出した[14].上式をTaylorの寿命方程式と呼び,両対数グラフ上ではほぼ直線で近似することができる.定数 n と C は,切削速度以外の諸条件から決定される.旋削による外周長手切削を例にとると,送り f と切込み深さ h_r を加えて

$$v T_L^n f^m h_r^p = C' \tag{3.31}$$

と寿命方程式を拡張することができる.これらの中で,切削速度が工具摩耗に及ぼす影響が最も大きく,指数 n の値は各種の被削に対して $0<n<1$ の間にある.

切削速度を高めると一定体積の材料を除去するに要する時間は短縮されるが,工具寿命は短縮されるので,工具を交換するのに要する時間が逆に増加する.時間を費用に換算しても同様のことがいえるから,切削条件に関しては加工時間や加工費用を最小にする最適な切削速度が存在することになる.

加工に要する時間を,① 切りくずを生成している正味切削時間 t_c,② 工具交換時間 t_t,③ 加工物着脱時間 t_w の総和と考えることにする.軸形状の部品を旋削加工する場合を想定する.部品1個当たりの除去すべき体積を M_c とすると,切削速度 v,送り f,切込み深さ h_r のとき,部品1個当たりの正味切削時間 t_c は

$$t_c = \frac{M_c}{f h_r v} \tag{3.32}$$

となる.工具の寿命時間を T_L,1回の工具交換に要する時間を T_t とすると,部品1個当たりに割り振った工具交換時間 t_t は

$$t_t = T_t \frac{t_c}{T_L} \tag{3.33}$$

となる.Taylorの工具寿命方程式(3.30)を上式に代入すると

$$t_t = T_t \frac{M_c}{fh_r v}\left(\frac{v}{C}\right)^{1/n} \tag{3.34}$$

である.

総加工時間 $t = t_c + t_t + t_w$ を切削速度 v で偏微分して 0 とおけば，総加工時間を最小にする最適切削速度 v_{opt} を求めることができる．すなわち，$\partial t / \partial v = 0$ より，

図 3.27 最適切削条件

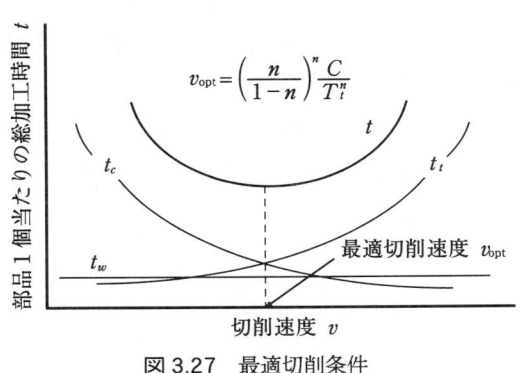

$$v_{\mathrm{opt}} = \left(\frac{n}{1-n}\right)^n \frac{C}{T_t{}^n} \tag{3.35}$$

となる．

図 3.27 に部品 1 個当たりの加工時間を示すように，加工物着脱時間は切削速度に無関係で，切削速度の上昇に伴って正味切削時間は減少するが工具交換時間は逆に増大し，結果として総加工時間を最小とする最適切削速度が存在することになる．

各種の工具と被削材の組合せに対して定数 n と C を決定するには，数多くの切削試験が必要である．また，切削データの再現性があまりよくないことを考えると，あらかじめこれらの数値を切削試験によって蓄積するよりも，実切削中の工具摩耗に関するデータを取得しながら最適化を図る方が実際的である．このような考えから，工具摩耗状態のインプロセス監視技術に立脚した最適制御の方法が提案されている．

3.11 切削プロセスの計算機シミュレーション

古典的な切削理論は，被削材を異方性がない均質な連続体と仮定して解析的な手法で展開されてきた．解析的に解を得ることは，各種因子が切削の結果に及ぼす影響を見通しのよいかたちで予測するうえで好都合である．しかしながら多くの仮定を必要とするため，定量的に信頼できる予測を立てることは困難なのが実情である．

(a) 有限要素法シミュレーション[15]　(b) 分子動力学シミュレーション[16]

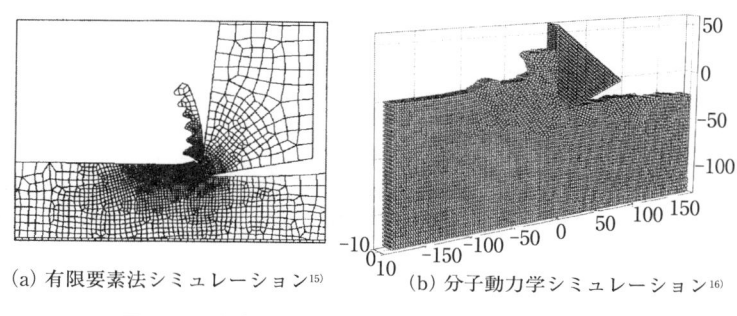

図3.28 切削プロセスの計算機シミュレーション

　近年の計算機の進歩は，切削プロセスという複雑な現象を数値的に模擬することを可能にしている．既に構造解析分野で活用されている有限要素法（FEM: Finite Element Method）も，切削プロセスにおける切削抵抗，切削温度，切りくずの形態などを予測するうえで応用されている〔図3.28（a）〕[15]．nmオーダの切削厚みを対象とする超精密切削において，結晶の方向性や結晶粒界の影響を考慮に入れて切りくず生成を模擬することも可能となっている．仮定した原子間のポテンシャルのもとにNewtonの運動方程式を解く分子動力学シミュレーション（molecular dynamics simulation）という手法である〔図3.28（b）〕[16]．多くの原子間の相互作用を同時に解くため，膨大な計算時間を必要とする．計算時間の短縮を図るための種々の工夫が提案されている．切削抵抗や切削温度の予測はもとより，切削によって加工面に生ずる転位の発生なども模擬することができる．計算時間の制約から，現状ではまだnmオーダの極めて薄い切削厚みと，高速下での切削状態の模擬しかできない．

　数値計算シミュレーションは，解析的には困難な複雑な現象を予測することを可能とする．また，切削条件を種々に変えてその影響を実切削実験で求めようとすると膨大な時間と労力を要するが，計算機シミュレーションでは容易である．

3.12 切削工具

3.12.1 切削工具の種類と形状の記述

　切削工具は，工作機械によってつくり出される工具と加工物の相対運動（こ

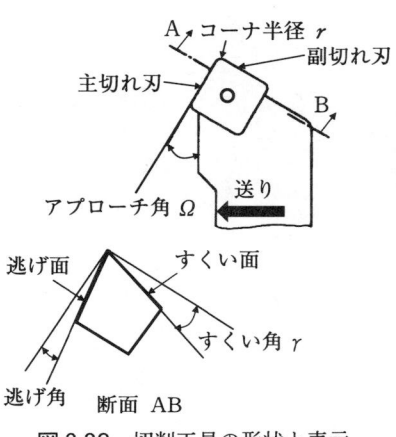

図3.29 切削工具の形状と表示

れを創成運動と呼ぶ）によって平面部分，曲面部分，穴などから構成される各種の部品形状を削り出す．切れ刃を1枚持つ単刃工具と，複数の切れ刃を持つ多刃工具に分類される（図3.3）．

最も基本的な単刃工具に対して，図3.29に示すように各部の名称と形状を記述する量が定義されている．

3.12.2 工具材質

切削工具が切削を遂行するには，被削材よりも強度や硬度が高く，かつ耐摩耗性と耐熱性が高くなければならない．高能率加工を志向する高速切削では切削温度も高くなり，高温下での硬度の低下が問題となる．また，耐摩耗性の向上を志向した高硬度の工具材料は，脆性が高く，靱性に劣る場合が多く，工具切れ刃の欠損や折損を生じやすい．靱性を保ち，かつ高い耐摩耗性と耐熱性を達成する工具として，適度な靱性を持った工具母材の表面に高硬度の薄膜を被覆した被覆工具がその使用範囲を広げている．表3.1 は，今日使用されている代表的な工具の材質である．

(1) 高速度鋼（high speed steel）：鋼に1％前後のC，18％W，4％Cr，1％Vを加えたものが基本成分で，これにCoを加えたもの，Wの一部をMoでおき換えたものなどがある．靱性は高いが，今日の高速切削にはもはや対

表3.1 切削工具材料の種類と性能

	高速度鋼	超硬合金	サーメット	セラミックス	被覆工具
組成	C, W, Cr, V	WCをCoで焼結	TiCを主成分としてNiやCoで焼結	Al_2O_3	高速度鋼や超硬合金にAl_2O_3，TiCなどを被覆
硬度	×	○	○	◎	○
靱性	◎	△	△	×	○
耐摩耗性	×	○	○	◎	○

◎：優， ○：良， △：可， ×：劣

応できない場合も多い．

(2) 超硬合金（sintered carbide）：WCを微細な粉末にしてCoを結合剤として焼結したもの．高速度鋼よりも硬度が高く，今日の切削加工で広く使用されている．

(3) サーメット（cermet）：TiCを主成分としてNiやCoなどを結合剤として焼結．超硬合金よりも硬度は高いが靱性がやや劣る．

(4) セラミックス（ceramics）：Al_2O_3などの粉末を焼結したもの．高硬度で耐熱性にも優れているので高速切削に適しているが，半面靱性に劣る．

(5) 被覆工具（coated tool）：工具本体を靱性が高い高速度鋼や超硬合金として，表面に高硬度のAl_2O_3，TiN，TiCの薄膜を化学蒸着（CVD：Chemical Vapor Deposit）や物理蒸着（PVD：Physical Vapor Deposit）によって単層，あるいは多層に被覆したもの．靱性と硬度を高めることができ，その使用量が急増している．

これらのほかに，以下の材料も難削材料の切削や超精密切削に効果的に使用されている．

(6) ダイヤモンド（diamond）：地上で最も硬度が高く，かつ熱伝導性もよいため，切削工具として優れた性能を持つ．単結晶ダイヤモンド工具は，超精密切削に必須の工具である．しかし，700℃以上の高温下で酸化が促進すること，鉄と反応すること，高価であるなどの欠点も持つため，これらに対処するためにダイヤモンドの粉末を焼結した工具も実用化されている．

人工的に合成される立方晶窒化ホウ素（cBN：cubic Boron Nitride）も，ダイヤモンドに次ぐ硬度を持つ工具材料として使用される．鉄系材料との反応性が低いことは，工具材料としてダイヤモンドより優れた性質である．

各種工具材料の適用領域を

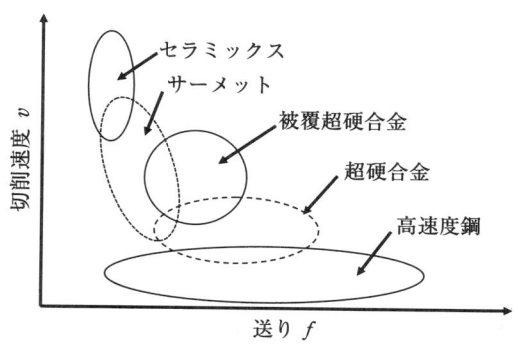

図 3.30 各種工具の適用領域

切削速度と送りに対して示したのが図3.30である．切削速度が高く，耐熱性が要求される切削条件においては，高硬度の工具材料が使用され，送りが大きく脆性破壊の恐れが高い切削条件においては高靭性工具が使用される．

3.12.3 チップブレーカ

切りくずの生成形態は，連続的であるときに切削抵抗の変化も少なく，良好な加工面に仕上げることができる．しかし，連続的な切りくずはその処理性において問題となる．そこで，生成された直後の切りくずを強制的に破断する手段が取られる．図3.31に示すように，工具すくい面に突起や窪みを設けて切りくずにモーメントを加え，切りくずの流出方向を強制的に変え，その先端を工具や加工物などの障害となる表面に衝突させて破断する．

チップブレーカ (chip breaker, chip former) によって切りくずが破断するには，大きなひずみを受けて，かつ切りくず自身が小さなひずみで破断することが必要である．切りくずが障害となる面に衝突した際に大きなひずみを受けるには，その厚みが大きいことが必要である．厚みが小さいと，生ずるひずみが小さく破断されない．切削厚みを小さくしなければならない仕上げ切削において，チップブレーカの効果が薄れることは大きな問題である．なぜなら，切りくずとの接触によって仕上げ面が損傷する恐れが高まるからである．また，切りくずは生成される際に大きなひずみを受けて加工硬化し，その破断ひずみが低下している．切削における加工硬化現象がチップブレーカの作用を助けてい

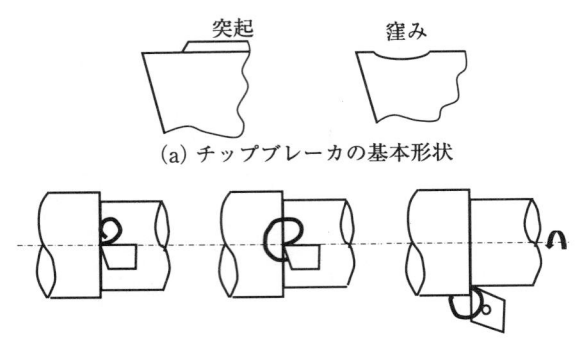

突起　　　　窪み

(a) チップブレーカの基本形状

加工面への衝突　　工具逃げ面への衝突　　加工物表面への衝突

(b) 切りくずの破断機構

図3.31　チップブレーカとその作用

ることになる.

3.13 切削液

3.13.1 切削液の役割

切削加工において,切削抵抗と切削熱の発生を小さく抑え,工具切れ刃の損傷を抑制することは,加工能率と加工精度を向上するうえで重要である.これらの課題を達成するうえで,切削液を切削点へ供給することは効果的である.切削液の役割は,以下の3点が重要である.

(1) 潤滑作用

工具すくい面と切りくず,工具逃げ面と加工新生面の間に侵入し,摩擦力を下げて切削抵抗の低減と切削熱の発生を抑制する.これによって,工具切れ刃の摩耗も抑制されて加工面粗さも向上する

(2) 冷却作用

発生した切削熱を熱伝達と蒸発潜熱の作用で切削点から奪い,温度上昇を抑制する.冷却作用によって,工具と加工物の熱膨張を抑制して加工誤差を低減することができる.また,冷却効果によって工具切れ刃の摩耗を抑制することができるが,断続切削の場合は工具内での急激な温度勾配と熱疲労によってき裂の発生と破損を誘発する可能性もある.

(3) 切りくず排除

切削液の流れやその運動エネルギーによって,切りくずを切削点近傍から排除する.ドリルによる深穴加工においては,切りくずの的確な排出が工具折損を防止するうえで必須である.多量の切りくずを生成する高速切削においては,切りくずが工作機械のテーブルやベッドに堆積して熱変形を起こすことを防止するため,高圧で多量の切削液を供給して工作機械の外部に排出する必要がある.

切削液は,上記の目的を達成するために供給されるのであるが,工具切れ刃と切りくず,あるいは切削新生面のとの間に侵入して,その本質的な機能である潤滑と冷却作用を十分に発揮することは困難な場合も多い.その理由は,これら接触面には大きな圧力が発生していること,切りくずの流出方向は切削液が流入する方向と逆方向であることなどによる.

3.13.2 切削液の種類

通常使用する切削液は，不水溶性切削液と水溶性切削液に分類することができる（図3.32）．前者は，鉱物油を主体として高温高圧下でも潤滑性能を発揮するように種々の極圧添加剤（extreme pressure additives）を加えたものである．主として潤滑作用を第一に期待する場合に使用する．後者は，水を主体として種々の添加剤を加えたもので，その冷却作用が重視される．水溶性切削液は水に希釈して使用されるが，さらに次の3種類に分類される．

(1) エマルジョン型（emulsion type）：比較的多量の油に乳化剤を加えたもの．
(2) ソリューブル型（soluble type）：界面活性剤が主体で油を含んでいない．
(3) ソリューション型（solution type）：無機塩類を主成分とし，冷却作用が主体．

いずれの切削液も，人体に有害な成分を含まず，錆びの発生などによって工作機械に悪影響を及ぼすことがないように，その成分を決定しなければならない．

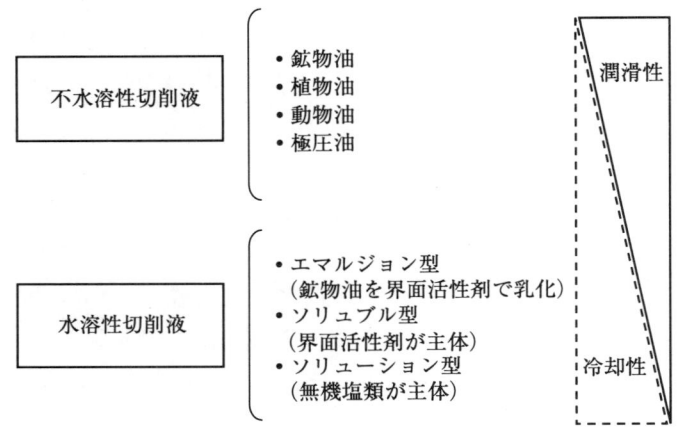

図 3.32 切削液の種類

参 考 文 献

1) E. Saljé : Elemente der spanenden Werkzeugmaschinen, Carl Hanser Verlag München (1968) p. 17.
2) M. C. Shaw : Metal Cutting Principles, Second Edition, Oxford University Press (2005) p. 4.

参考文献

3) 中山一雄：切削加工論, コロナ社 (1978) p.38.
4) J. Krystof : Berichte über betriebswissenschaftliche Arbeiten, Bd. 12, VDI- Verlag (1939).
5) M. E. Merchant : Mechanics of the Metal Cutting Process II ,Plasticity Conditions in Orthogonal Cutting, J. Appl. Phys., Vol.16 (1945) p.318.
6) 文献3), p.97.
7) L. V. Colwell : Predicting the Angle of Chip Flow for Single-Point Cutting Tools, Trans. Amer. Soc. Mech. Engrs., Vol.76 (1954) p.199.
8) 文献3), p.52.
9) 文献2), p.24.
10) 文献3), p.13.
11) W. König : Fertigungsverfahren, Band 1, Drehen, Fraesen, Bohren, VDI- Verlag (1981) p.75.
12) 文献3), p.26.
13) 文献11), p.86.
14) F. W. Taylor : On the Art of Cutting Metals., Trans. ASME, Vol.28 (1907) p.31.
15) D. Dudzinski, A. Molinari and H. Schulz : Metal cutting and high speed Machining, Kluwer Academic/Plenum Publishers (2002) p.125.
16) R. Rentsch and I.Inasaki : Molecular Dynamics Simulation of the Nanometer Scale cutting Process, Int. J. Manufacturing Research, Vol.1, No.1 (2006) p.83.

第4章 工具と加工物の相互作用（2）研削加工

4.1 研削加工の特徴

　研削加工（grinding）は，切りくずの形で素材の不要部分を除去して目的の部品形状をつくり出すという点では切削加工と加工の原理は同じである．また，被削材のせん断変形によって切りくずを生成するという切りくず生成機構も同じである（ただし，脆性材料の加工においては，被削材の脆性破壊現象を積極的に利用する場合もある）．しかし，生成される切りくずの断面積が切削に比べてはるかに小さく，その主たる適用領域は，より高精度な加工が必要とされる場合である（図3.1参照）．

　工具として使用する研削砥石は，アルミナ（Al_2O_3），炭化ケイ素（SiC），立方晶窒化ホウ素（cBN），ダイヤモンドなどの砥粒を各種の結合剤で固めたもので，切れ刃の硬度が高いために，高強度・高硬度材料の加工が可能なことも研削加工の特長である．砥石は，その外径を大きくすれば材料除去のための研削速度（砥石外周速度）を高くすることが可能なので，切削速度よりも10倍以上高いことも研削加工の特長である．切りくず断面積が小さいために，材料の除去能率は切削に比べて低い．図3.1に示した切削と研削の適用領域は，両加工法の技術的進歩によって以前ほど明確ではなくなってきている．

　研削砥石は，その形状と切れ刃が分布する作業面の性状を整えられてから研削作業に使用される（図4.1）．これらの調整作業を形直し作業（truing）と目直し作業（dressing）と呼ぶが，両者は，通常は同時に行われるため，単にドレッシング作業と呼ぶ場合が多い．研削作業を行う工作機械を研削盤と呼ぶが，このドレッシング作業も同じ研削盤によって行われる．工具の調整と材料除去が同じ工作機械の上で実行されることは，研削加工の特長の一つである．

　砥石作業面は，研削作業時間の進行に伴う砥粒切れ刃の摩耗や破壊，さらに結合剤からの脱落によってその性状が変化する．通常は，摩耗によって次第に

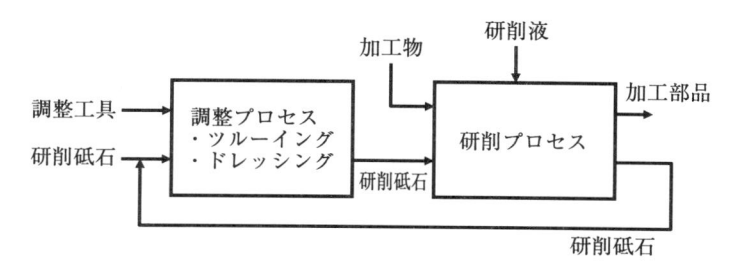

図 4.1　調整プロセスと研削プロセス

切れ味が劣化し，目直しを必要とする時期に至るが，砥粒の破壊と脱落が適切に進行すれば，鋭利な切れ刃状態を維持することができる．この現象を「自生発刃作用（self sharpening）」と呼ぶ．このように，工具と加工物の相互作用が加工結果に顕著な影響を及ぼすことも研削加工の特長である．

4.2　研削加工の種類

切削加工で創成された平面，円筒外面，円筒内面は，図4.2に示す各種の研削作業によって仕上げ加工される．平面の加工は，円盤状砥石の外周面を使用する横軸平面研削盤，あるいはカップ型砥石の端面を使用する縦軸平面研削盤によって行われる．

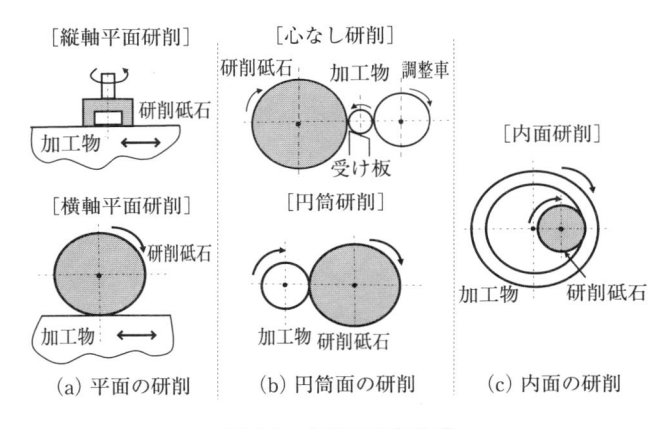

(a) 平面の研削　(b) 円筒面の研削　(c) 内面の研削

図 4.2　各種の研削作業

円筒外面の加工には，通常は円筒研削盤を使用するが，多量生産の要求に応えるために，加工物の両端部ではなく，外周面を調整車と受け板で支持して回転駆動をする心なし研削盤を使用する場合もある．円筒内面の加工を行うのは内面研削盤である．砥石の外径は穴の内径より小さく，砥石軸径はさらに小さくなければならない．したがって，砥石軸系の剛性が低くなり，加工精度の維持，振動の抑制が困難となる研削作業である．

研削盤が持つべき運動の自由度は3自由度以上である．砥石の幅だけで加工物の必要部分が加工される場合は，研削運動，切込み運動，加工物運動でよく，これをプランジ研削（plunge grinding）と呼ぶが，砥石幅より長い幅の加工には4番目の運動として送り運動が必要となる．送り運動を伴う研削加工をトラバース研削（traverse grinding）と呼ぶ（図4.3）．

研削加工は，砥粒を結合剤によって固めた砥石を工具として使用するが，砥粒を遊離させたままで工作物表面に接触運動させて加工を行う方式もある．これを遊離砥粒加工と呼び，ラッピング（lapping）やポリッシング（polishing）が代表的である．研削加工よりも良好な表面粗さを達成したい場合に適用されるが，砥粒を液体に混合して使用するために，加工環境を清浄に保つことが困難な作業である．

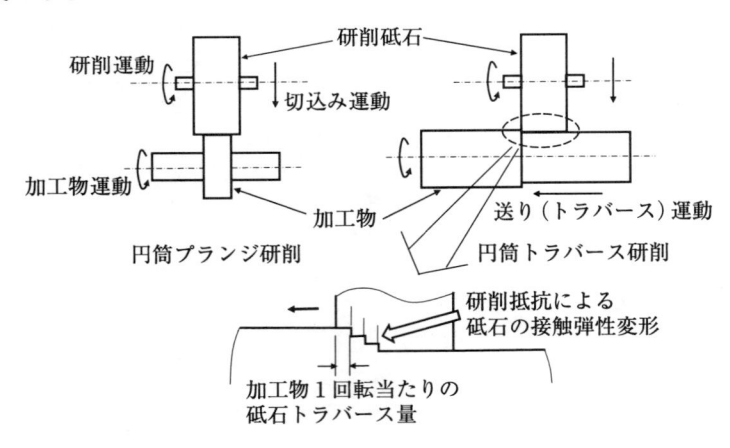

図4.3 円筒プランジ研削と円筒トラバース研削

4.3 研削砥石と調整作業

4.3.1 研削砥石の種類

砥石は，図4.4に示すように砥粒，結合剤，気孔の3要素から構成されている．アルミナ（Al_2O_3），炭化ケイ素（SiC），立方晶窒化ホウ素（cBN），ダイヤモンドなどが代表的な砥粒である．砥粒は，粒径によってその大きさが分類されるが，通常使用されるのは数μmから数百μmのものである．達成すべき表面粗さが小さい場合には，小さな粒径の砥粒を使用する．粒径の違いは粒度と呼ぶ値で規定されており，粒度が大きい砥粒はその粒径が小さいことを意味している．砥粒形状は，個々の砥粒で異なり，不規則である．したがって，切削工具のように切れ刃の形状を幾何学的に記述することはできない．

砥粒を結合して研削砥石を構成する方法として代表的なのは，
（1）長石，陶土などのガラス質の結合剤で成形，焼成：ビトリファイド砥石（vitrified wheel）
（2）フェノール樹脂で結合：レジノイド砥石（resinoid wheel）
（3）銅，黄銅，ニッケル，鉄などで結合：メタルボンド砥石（metal bond wheel）

などである．ビトリファイド砥石は，砥粒の保持力が高く，剛性も高く，弾性変形が少ないので精密研削に使用される．一方，レジノイド砥石は，剛性は低いが衝撃に強いという特長を持つ．メタルボンド砥石は，ダイヤモンド砥粒やcBN砥粒などの高価な砥粒の結合に使用される．金属粉で焼結する方式と，金属母材の表面に金属層を電着して砥粒を固定する方法とがある．後者の方式で

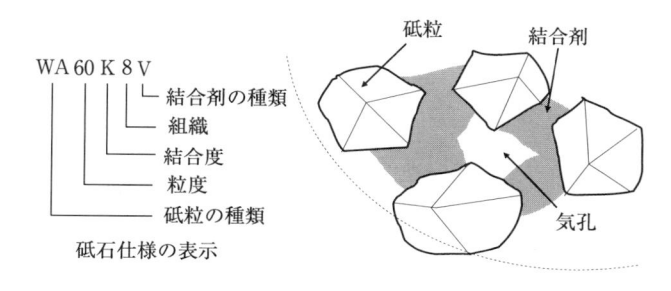

図4.4 研削砥石の3要素

構成された砥石を電着砥石と呼んでいる．

　結合剤が砥粒を保持する強さは結合剤の種類や量によって異なり，その強さを結合度（grade）と呼ぶアルファベットの記号で表示している．Zに近いほど結合度が高く，砥粒の保持力が強い．

　砥石の見かけの全体積の中で砥粒が占める体積の割合を組織（structure）と定義し，日本工業規格（Japanese Industrial Standards：JIS）では0（砥粒率62％）から14（砥粒率34％）までの数値で表示している．数値が小さいほど，砥粒は密に充填されていることを意味している．組織が密になると，砥石中の気孔の割合が少なくなり，砥石作業面における切りくずの収容空間が減少するので，多量の切りくずを生成する高能率研削には不適となる．また，気孔は研削液を加工点に供給する役割も持っており，研削点の温度上昇を抑制するには組織が疎な砥石を使用することが必要である．

　研削砥石の性能は，その幾何学的な大きさと形状（通常は円盤形状）に加えて，上述のように各種の因子によって左右され，被削材の種類，要求される加工結果に対応できる適切な砥石を選択するには豊富な知識と経験が必要である．

4.3.2　研削砥石の準備・調整作業

　研削作業を開始するに当たっては，工具となる砥石に対する十分な準備と調整が必要である．これら作業は，新しい砥石を使用する際にはもちろん必要であるが，研削作業を遂行してその作業面の形状や性状が劣化した砥石（寿命に達した砥石）の研削性能を回復するためにも必要である．砥石形状の劣化に加え，砥粒切れ刃先端の摩滅的摩耗（glazing）や，切りくずが気孔に詰まる現象（loading）は砥石寿命の重要な判定基準である．

　砥石は高速回転をするため，不平衡による振動を発生しないように平衡をとることがまず必要である．通常は，天秤の原理を応用した機器を使用して，砥石フランジ部の錘を移動することによって不平衡の除去を行うが，これを砥石回転中に自動的に行う方法も考案されている．砥石の自動交換を可能とするには，平衡をとる作業の自動化は必須である．

　不平衡が除去された砥石は，研削盤の主軸に取り付けられ，研削作業と同じ回転数のもとでその外周が真円に整形される．この作業を形直しと呼ぶ．図

4.5（a）に示すように，単石のダイヤモンド工具（ドレッサと呼ぶ）に切込み運動と砥石軸方向の送り運動を与えて砥石作業面を真円にする．形直し作業で砥石の多くの部分が除去されると再び平衡が崩れるので，再度の平衡とりが必要となる．

(a) 単石ダイヤモンドドレッサ　　(b) ロータリダイヤモンドドレッサ

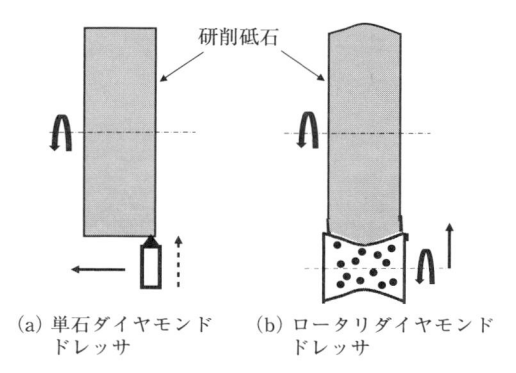

図 4.5　研削砥石の調整作業（ツルーイングとドレッシング）

形直しを行うと，砥石作業面の砥粒と結合剤が破壊，除去されて鋭利な砥粒切れ刃が露出する．この作業を目直しと呼ぶ．通常は，形直しと目直しは同時に進行するが，それぞれが独立した作業として行われる場合もある．目直しによって切れ刃を結合剤上面より露出させて切りくずの収容空間（chip pocket）を形成するには，砥石内に適当な気孔が存在していることが必要であり，適切な組織の砥石選択が重要である．

砥石作業面が軸方向に複雑な形状をしている場合には，その形状を反転した形状の金属製回転体の外周に多数のダイヤモンドを焼結したロータリダイヤモンドドレッサを総形調整工具として使用する〔図4.5 (b)〕．ドレッサには，回転運動と同時に切込み運動が与えられる．この場合，砥石に対してのドレッサの回転数と回転方向の組合せによって，砥石作業面の調整効果とドレッサの損耗の程度が異なってくることに注意が必要である．砥石の回転方向と逆方向にドレッサを回転させると，ダイヤモンドによる砥石作業面の切削効果が顕著になって形直しの効率が上がるが，高価なロータリドレッサの摩耗も促進される．一方，同方向にして回転数も同程度として，接触点での相対速度を0に近づけると，ドレッサによる砥石作業面の破壊現象が促進されて目直しの効果が上がり，加えてドレッサの摩耗も抑制される．しかし，砥石作業面は荒れて，これによる研削仕上げ面の表面粗さは劣化する．

研削加工に入る前の準備作業における砥石と調整工具の相互作用が，加工面の品質と加工能率に大きな影響を持つ．ダイヤモンド砥石やcBN砥石のよう

に高硬度，高強度の砥石の調整作業は極めて困難な作業である．高価な砥粒を調整作業で損失することがないように最小限の調整量ですませる技術が必要となる．

4.4 研削機構

4.4.1 砥石と加工物の干渉状態

工具としての砥石は，巨視的にはその直径と厚みによって形状を幾何学的に記述することができるが，実際に切りくずを生成する砥粒切れ刃の微視的な形状を厳密に記述することはできない．まずは，砥石を円板と仮定し，加工物との巨視的な干渉状態を考察しよう．

図 4.6 に示す平面，円筒外面，円筒内面のそれぞれの研削加工における砥石と加工物の接触弧長さ L_c は，幾何学的考察から以下の近似式で求めることができる．ただし，通常の研削条件で満足される関係，すなわち砥石切込み深さ h は砥石直径 D_g より十分小さく，研削速度（砥石周速度 v_g）は加工物速度 v_w より十分に大きいと仮定し，微小量を省略している．D_w は加工物外（内）径である．

$$\text{平面研削} \quad : L_c \simeq \sqrt{hD_g} \tag{4.1}$$

$$\text{円筒外面研削} : L_c \simeq \sqrt{\frac{h}{1/D_g + 1/D_w}} \tag{4.2}$$

$$\text{円筒内面研削} : L_c \simeq \sqrt{\frac{h}{1/D_g - 1/D_w}} \tag{4.3}$$

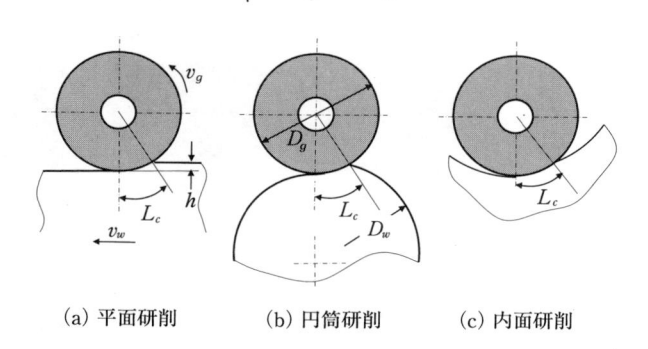

(a) 平面研削　　(b) 円筒研削　　(c) 内面研削

図 4.6　加工物と研削砥石の接触弧長さ

4.4 研削機構

また，等価砥石直径として D_e を

$$\frac{1}{D_e} = \frac{1}{D_g} \pm \frac{1}{D_w} \tag{4.4}$$

と定義すると，式 (4.1)～(4.3) は3種類の研削様式に対して

$$L_c \simeq \sqrt{h D_e} \tag{4.5}$$

と表示できる．式 (4.4)，(4.5) において，加工物直径を無限大にすれば平面研削に対する式となり，＋記号は円筒外面研削を，また－記号は内面研削に対する式となる．

上式で求められる接触弧長さに接触幅を乗ずれば，砥石と加工物の接触面積となる．これは，接触面積中に存在する砥粒切れ刃の数や接触面圧による砥石の局部的な弾性変形量を知るうえで重要な情報である．

砥石作業面上の砥粒切れ刃の運動軌跡はトロコイド曲線であるが，$v_w \ll v_g$ の仮定の下では式 (4.1)～(4.3) で与えられる接触弧の形状にほぼ等しいとみなしてよい．この運動軌跡の中で，切れ刃がどのように加工物と干渉するかを考察する（図4.7）．ここで，砥粒が結合剤によって弾性的に支持されているという砥石の特長を念頭におくことが必要である．砥石と加工物の接触点での速度方向が逆の上向き研削を想定すると，干渉開始部分では砥粒切れ刃の切込み深さは極めて小さい．したがって，切れ刃は加工物表面に弾性変形を生じながら単に摩擦をするだけであろう．

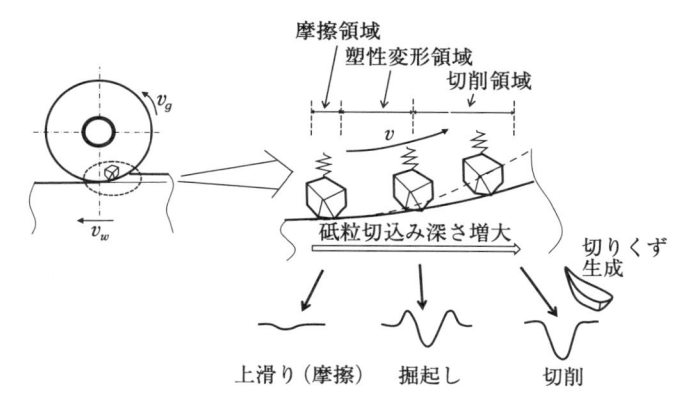

図 4.7　砥粒切れ刃の加工物への干渉

次第に，切込み深さが増大して研削抵抗力が上昇すると，切れ刃は被削材に塑性変形を生じさせ，材料を側方に押しのけるだけで通過する状態（掘起こし）になる．さらに切込み深さが増大すると，初めて切りくずを生成する切削領域に入るものと考えられる．摩擦領域が占める割合が大きいと，砥粒切れ刃はただ摩耗するだけで，効率のよい材料除去行うことはできない．接触点での速度方向が同一である下向き研削の場合は，切れ刃が被削材に貫入する角度が大きく，摩擦領域は減少する．砥石作業面最表層部から大きく後退している砥粒切れ刃は，切込み深さが小さいために，単に加工物を摩擦するだけで運動軌跡を終了するであろう．このような砥粒の弾性変位は，結合度が低い砥石において顕著なものとなる．

4.4.2 接触剛性

工具としての研削砥石が切削工具とその挙動において著しく異なる点は，加工物との接触面におい研削抵抗による無視できないほどの弾性変形を生ずることである．弾性変形の多くは砥粒を支持している結合剤によって生ずる．砥石の弾性変形は，実質切込み深さを減少させて加工誤差発生の原因となる．また，研削加工中の振動挙動にも大きな影響を持ってくる．

接触面において，砥石半径方向に単位変位量を生じさせる力を接触剛性と呼ぶ．砥石の接触剛性は，変位が増大するほど剛性が上昇するという硬化ばね特性を持っている．この弾性変形により，砥石と加工物の接触長さは式(4.5)で計算される値より大きくなる．

砥石の弾性変形は，加工物軸方向への送り運動を伴うトラバース研削において，加工面の品質を左右する特に重要な因子となる．図4.3に示したように，トラバース研削において加工物は砥石送り量（加工物1回転当たりの砥石幅方向移動量）だけ重複して研削されるが，重複部分の実質切込み深さは，研削抵抗によって生ずる砥石表面の局所的な弾性変形によって決定されるからである．

4.4.3 研削抵抗

研削抵抗は，砥石作業面に存在して，材料除去に関与した砥粒切れ刃に作用する個々の抵抗の総和として求めることができる．しかし，個々の切れ刃の形状は異なり，また砥石作業面上での存在位置も異なるため，厳密な解析を進めることは困難である．そこで，研削で消費されるエネルギーは単位時間当たり

4.4 研削機構

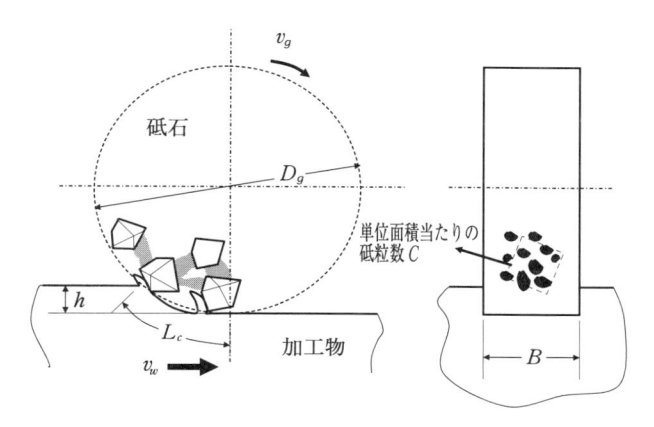

図 4.8 平均切りくず断面積の導出

の加工物除去量（研削率）に比例するという巨視的な視点から研削抵抗を求める．

図4.8に示す平面研削加工を仮定すると，砥石幅（研削幅）を B として研削動力 P_g は

$$P_g = F_{tg} v_g = \overline{P_g} B h v_w \tag{4.6}$$

である．ただし，F_{tg} は接線方向研削抵抗，また $\overline{P_g}$ は単位体積の材料を単位時間に除去するためのエネルギーで，比研削エネルギー（specific grinding energy）と呼ばれる．この値をあらかじめ求めておけば，接線方向研削抵抗は

$$F_{tg} = \overline{P_g} B h \frac{v_w}{v_g} \tag{4.7}$$

から求められる．以上の解析からは，研削抵抗の法線方向分力を求めることはできない．砥粒切れ刃が負のすくい角を持つことから，切削の場合と違って法線方向の抵抗が接線方向より大きくなるのが通常である．

砥石作業面に作用する研削抵抗によって砥石は摩耗する．加工物除去量を砥石摩耗量で除した値を研削比 G（grinding ratio）と呼び，被削材の被研削性を評価する指標として実用的に使用されている．

4.4.4 平均切りくず断面積

総合的な研削抵抗は，個々の砥粒切刃に作用する抵抗力の総和である．そこで，次にこれら微視的な力に注目してみよう．砥粒切れ刃と加工物の相互作用

によって，砥石作業面の性状が変化し，研削プロセスに大きな影響を与えるからである．

図4.8に示した平面研削を例にとると，単位時間当たりの材料除去量（研削率）$\dot{M}_g$ は

$$\dot{M}_g = B v_w h \tag{4.8}$$

一方，単位時間当たりに材料除去に関与する切れ刃の数 n は，砥石作業面上の単位面積当たりの砥粒切れ刃数を c とすると

$$n = c B v_g \tag{4.9}$$

であるから，切りくず1個の平均体積 m_g は

$$m_g = \frac{B v_w h}{c B v_g} = \frac{v_w h}{c v_g} \tag{4.10}$$

となる．ただし，ここで，式 (4.9) で求めた切れ刃のすべてが切りくずを生成すると仮定している．さらに，切りくずの長さが砥石と加工物の接触長さに等しいと仮定すると，その長さは式 (4.1) で与えられる．したがって，切りくずの平均断面積 a_g は

$$a_g = \frac{m_g}{L_c} = \frac{v_w}{c v_g} \sqrt{\frac{h}{D_g}} \tag{4.11}$$

と求められる．単位時間・単位幅当たりの材料除去量（比研削率）は $\dot{M}_g / B$ であるから，平均切りくず断面積は

$$a_g = \frac{\dot{M}_g}{B c v_g L_c} \tag{4.12}$$

とも表示できる．この式において，比研削率が同じでも接触弧長が増大する研削条件においては，平均切りくず断面積が減少することがわかる．なお，等価砥石直径を用いれば，式 (4.12) は平面研削だけでなく，他の研削様式にも適用可能である．

式 (4.11), (4.12) は簡単な形式であるが，研削プロセスの挙動を考察するうえで重要な情報を提供している．平均切りくず断面積が大きいと，砥粒切れ刃に作用する研削抵抗は大きくなり，砥粒の破壊や結合剤からの脱落が促進される．このとき，自生発刃作用が促進されるので，研削抵抗は小さく抑えられるが，砥石の損耗（半径減少量）は促進されて加工面の表面粗さも増大する．一

方,平均切りくず断面積が小さくなるように研削条件を設定すると,砥粒切れ刃の摩滅的な摩耗が促進されて研削抵抗は時間とともに増大するが,加工面の粗さは小さくなる.

平均切りくず断面積が砥石作業面上の切れ刃数に依存するということは重要である.切れ刃数は砥石の仕様によって異なるが,ドレッシング条件によっても大きく変化するからである.ドレッシングにおけるドレッサの切込み深さや送りを増大させると,砥粒の破壊や脱落が促進されて切れ刃数は減少する.

切削プロセスの項で述べたと同様の寸法効果があるとして,比研削エネルギーが平均切りくず断面積と

$$\overline{P_g} = \overline{P_{g0}}\, a_g^{-\varepsilon} \tag{4.13}$$

という関係にあると仮定すると,接線方向研削抵抗 F_{tg} を式 (4.7),(4.11),(4.13) から

$$F_{tg} = \overline{P_{g0}}\, a_g^{-\varepsilon} B h \frac{v_w}{v_g} = \overline{P_{g0}}\, B c^\varepsilon D_e^{\varepsilon/2} \left(\frac{v_w}{v_g}\right)^{1-\varepsilon} h^{1-\varepsilon/2} \tag{4.14}$$

と求めることができる.$\overline{P_{g0}}$ は比例定数,ε の値は,0.2〜0.5 程度の値である.このような多項式の形が求められれば,係数 $\overline{P_{g0}}$ と指数 ε の値を実験的に求めておくことによって研削抵抗を定量的に予測することが可能となる.

4.4.5 加工面の品質

研削加工には,高品質な加工面性状の達成が要求される.幾何学的な表面粗さだけではなく加工変質層も重要で,特に過剰な研削熱の流入による研削焼けはしばしば問題となる.

研削加工によって生成される表面の粗さは,研削方向よりもこれに直角な方向の方が大きいのが通常である.不規則に砥石作業面に分布し,またその形状が不規則な砥粒切れ刃によって形成される表面粗さを理論的に推定する研究が数多く行われているが,いずれも統計・確率論的な手法に立脚したかなり複雑なものである.本書ではその詳細には立ち入らず,平均切りくず断面積の大きさが表面粗さに影響するであろうことを指摘するに止める.すなわち,平均切りくず断面積を上昇させる研削条件は表面粗さを増大させると考えてよい.

研削時間の経過による表面粗さの変化に注目することは重要である.時間経過に伴って表面粗さが次第に劣化し,要求仕様を満たさなくなれば,砥石にド

(a) 摩耗　　(b) 破壊　　(c) 脱落

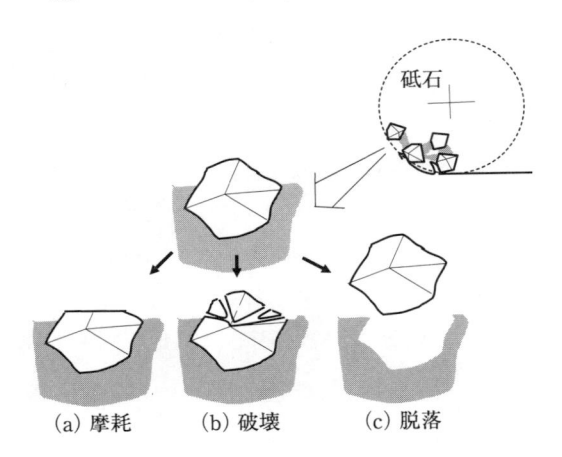

図 4.9　砥石作業面の変化

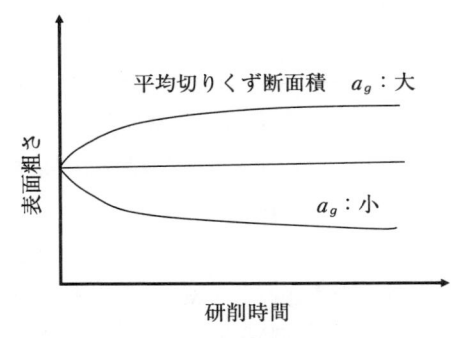

図 4.10　研削表面粗さの変化

レッシングを施さなければならない．加工面粗さを決定する砥石作業面の性状は，研削時間の経過に伴って次第に変化する．図 4.9 に示すように，砥粒切れ刃は作用する研削抵抗の大小によって脱落，破壊，摩滅的摩耗を起こす．これらの変化によって，加工面粗さは図 4.10 に示すように変化する．平均切りくず断面積が大きくなる条件を適用すると，砥石作業面の砥粒切れ刃の自生発刃作用が促進されて良好な切れ味が持続されるが，粗さは次第に劣化する．

加工変質層の形成は，研削熱の影響を強く受ける．研削に消費される動力がすべて熱に変換されると仮定すれば，その熱量 Q_g は

$$Q_g = F_{tg}(v_g \pm v_w) \approx F_{tg}v_g = \overline{P_g}Bhv_w \tag{4.15}$$

である．括弧内の正負の記号はアップカットとダウンカットの違いであるが，通常は $v_w \ll v_g$ なので，式 (4.15) のように近似できる．発生熱量の中，加工物に流入する割合を κ とすると，加工物と砥石の接触面積が BL_c であるから，熱流束 q_g は

$$q_g = \frac{\kappa \overline{P_g}Bhv_w}{BL_c} = \frac{\kappa \overline{P_g}hv_w}{L_c} \tag{4.16}$$

となる．加工物への熱の流入割合に関しては多くの理論的考察がなされているが，60〜90 % 程度が接触面を通して加工物に流入すると考えられている[1]．

この熱は，加工物を熱して研削焼け（grinding burn）を発生させ，表層部の金属組織を焼き戻したり，過大な熱応力を発生させて表面にき裂を発生させる場合もある．通常は，冷却を目的として研削液を供給するが，供給量が不十分な場合には上述のような障害を発生する．

加工物に流入した熱は，次第に加工物全体の温度を上昇させ，熱膨張によって過大な切込みの原因となる場合もある．一方，砥粒切れ刃と加工物との微視的な接触部分の温度上昇も，切れ刃損傷の原因となるので重要である．切れ刃接触点では数百度以上に達するため，砥粒切刃の摩滅的摩耗を促進させて切れ味低下の原因となる．

4.5 遊離砥粒加工

砥粒を使用する機械加工プロセスは，これまで述べてきた砥粒を結合させた砥石を用いるものと，砥粒を遊離したままで使用するプロセスとに分けることができる．後者を遊離砥粒加工と呼び，ラッピング（lapping）やポリッシング（polishing）が代表的である．これらのプロセスにおいて，加工液に混合された砥粒は鋳鉄などの剛体，あるいは樹脂や繊維などの軟質補助工具と加工物の間に供給される．前者をラッピング，後者をポリッシングと呼んでいる．ポリッシングにおいて使用される砥粒は，ラッピングの場合より細粒でより小さな表面粗さを得ることができる．両者の間に与えられる接触面に対して平行な相対運動によって材料除去が進行する（図4.11）．砥粒は，補助工具に埋め込まれ

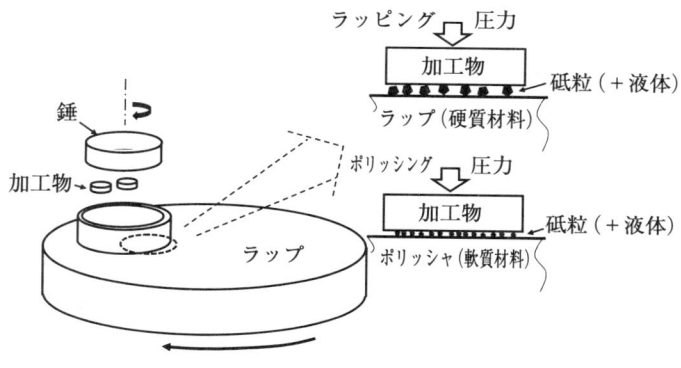

図 4.11　遊離砥粒加工

て保持されるものと，加工物と補助工具の間で転動するものとがある．材料の除去速度は，加工物に加えられる圧力にほぼ比例すると考えてよい．また，ポリッシングにおいては，加工液の腐食作用による材料除去も重要な役割を果たしている．遊離砥粒加工による被削材の除去率は研削加工に比較するとはるかに小さいが，より高品質な表面を得ることができる．

　遊離砥粒加工は，これまで述べてきた切削，研削加工とプロセスへの入力条件が異なるプロセスである．切削や研削加工では切込み量が入力変数で，プロセスから加工力が出力されるのに対して，遊離砥粒加工では圧力が入力変数となって切込み速度がプロセスからの出力となる．

参 考 文 献

1) S. Malkin : Grinding Technology, Theory and Application of Machining with Abrasives, Ellis Horwood Limited (1989) p. 146.

第5章
工作機械の創成運動と構成要素

5.1 序　言

われわれ人間の機能や性能を拡大，拡張して日々の生活を快適にしてくれる種々の機器や機械を構成する部品は，機械加工プロセスを遂行する工作機械（machine tool）によって製造されている．この意味で，工作機械はまさに機械をつくる機械であり，母なる機械（mother machine）とも呼ばれる．

工作機械の発展を振り返ってみると，その歴史上二つの大きな革新があった（図5.1）．第1は，母性原理（copying principle）の導入である．たとえば，ヘンリー・モーズレイ（Henry Maudslay）の旋盤では，部品形状の創成に必要なすべての運動が工作機械の軸受要素や案内要素によって行われており，作業者が工具を保持するようなことはなくなった[1]．すなわち，加工される部品の精度は工作機械の運動精度によって決定されることになった．工作機械の運動精度が加工物精度を決定するという意味からこれを母性原理と呼んでいる．母性原理

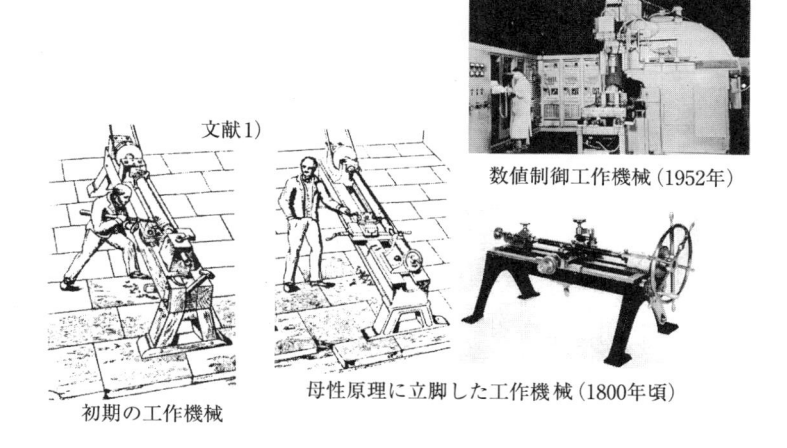

文献1)

初期の工作機械

母性原理に立脚した工作機械（1800年頃）

数値制御工作機械（1952年）

図5.1　工作機械の発展

の導入によって，部品加工精度には極めて高い再現性が得られるようになった．しかし，これは同時に，特別な補正加工をしない限り，工作機械の運動精度以上に高い精度を持った部品の加工はできえないことを意味している．工作機械の部品自身も工作機械によって製作されるので，加工された部品の精度を測定して誤差を修正することによって，初めて親ともいえる工作機械よりも運動精度が高い子供の機械を子孫としてつくり出すことができるのである．このような経過を繰り返して，工作機械の加工精度は向上してきた．1700年代，1800年代ではmmオーダであった加工誤差が，今日ではμm以下のオーダにまで低減されている．

第2の革新は，1952年に発表された数値制御（NC：Numerical Control）工作機械である．今日では，電子計算機技術と融合して，様々な加工部品の形状に対応が可能な極めて融通性の高い機械となっている．プログラムを変更しなければ，何回でも同じ動作を繰り返すことができ，またその運動を記憶することができる．加えて，運動の正確さは計測技術との融合によってフィードバック制御されるために格段に向上している．これらの技術革新によって，工作機械によって達成される加工能率と加工精度は目覚ましい発展を遂げたのである（図1.3，図1.4参照）．

加工物に形状を付与するために，工具と加工物の間に与えられる相対運動を創成運動（generating）と呼ぶ．高精度加工を達成するうえで，創成運動は高精度に再現性よく実行されなくてはならない．本章では，創成運動理論の基礎と，高精度創成運動を実現するうえで必要となる摺動部でのトライボロジー，工作機械の構造設計において考慮すべき事項，工具ならびに加工物の工作機械への取付け具について述べる．

5.2 工作機械の形状創成運動

5.2.1 工作機械の種類

加工部品の表面形状や大きさなどに対応できるように，これまでに種々の工作機械が開発されてきた．これらの工作機械は，材料除去に必須な切削運動が直線運動であるか回転運動であるか，また運動が工具に与えられるか加工物に与えられるか，さらに使用する工具は単刃工具であるか多刃工具であるかによ

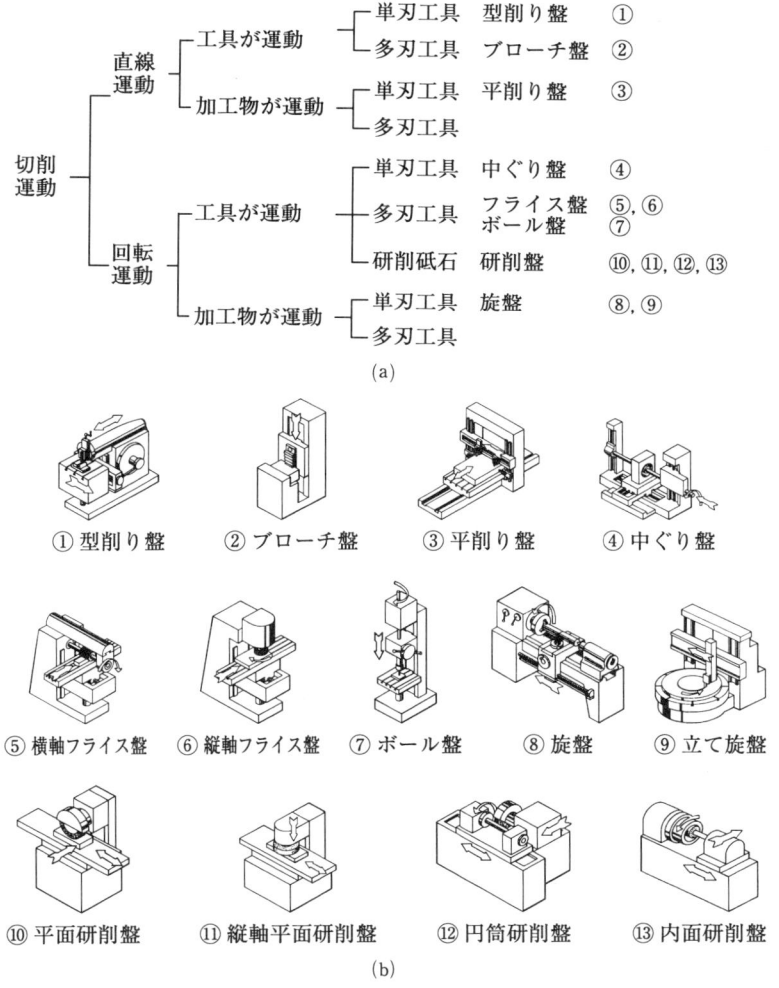

```
                    ┌─ 工具が運動 ──┬─ 単刃工具 ── 型削り盤      ①
                    │              └─ 多刃工具 ── ブローチ盤    ②
       ┌─ 直線運動 ─┤
       │            └─ 加工物が運動 ┬─ 単刃工具 ── 平削り盤    ③
切削    │                           └─ 多刃工具
運動 ──┤
       │                           ┌─ 単刃工具 ── 中ぐり盤      ④
       │            ┌─ 工具が運動 ─┼─ 多刃工具 ── フライス盤    ⑤, ⑥
       │            │                              ボール盤     ⑦
       └─ 回転運動 ─┤              └─ 研削砥石 ── 研削盤       ⑩, ⑪, ⑫, ⑬
                    │
                    └─ 加工物が運動 ┬─ 単刃工具 ── 旋盤          ⑧, ⑨
                                   └─ 多刃工具
```

(a)

① 型削り盤　② ブローチ盤　③ 平削り盤　④ 中ぐり盤

⑤ 横軸フライス盤　⑥ 縦軸フライス盤　⑦ ボール盤　⑧ 旋盤　⑨ 立て旋盤

⑩ 平面研削盤　⑪ 縦軸平面研削盤　⑫ 円筒研削盤　⑬ 内面研削盤

(b)

図 5.2　代表的な工作機械の分類[2)]

って図 5.2 (a), (b) のように分類することができる[2)].

　数値制御技術の導入によって工作機械で使用される工具の自動交換が可能となり, 複数の加工機能を持つ工作機械が実用化されるに至った. これらの工作機械は, その多機能性からマシニングセンタ (machining center) と呼ばれている.

5.2.2 形状創成理論[3]

(1) 形状創成関数

多様な形状の部品を加工するに当たって，工作機械は，切削運動，切込み運動，そして送り運動を行わなければならない．これら部品形状をつくり出すうえで必要となる運動を創成運動と呼ぶ．すなわち，切込み運動の作用を併せ持つ特殊な工具を使用するブローチ加工を除くと，工作機械は少なくとも三つの運動の自由度を持たなくてはならない．平面や円筒面だけではなく，複雑な自由曲面を加工する工作機械は，より多くの自由度を持つことが必要となる．図5.2に示した種々の工作機械の創成運動を，同次座標変換行列を利用して統一的に記述することが可能となる．

加工物と工具を含めた工作機械を構成する運動要素に，加工物から出発して工具に至る S_0 から S_n までの番号を与える．3自由度を持つ旋盤を例にとると，図5.3のようになる．S_0 は加工物と主軸，S_1 は主軸箱とベッド，S_2 はテーブル，S_3 は工具台と工具である．加工物と主軸，主軸箱とベッド，工具台と工具の間には相対運動はないので，一体化した同一要素とみなしている．この例では，主軸箱とベッドは固定要素で運動はしない．また，それぞれの要素に，図に示した x, y, z の直角座標系を当てはめる．より多くの自由度を持つ工作機械に展開すると，図5.4のようになる．図では平面内だけに運動を仮定しているが，実際には三次元に拡張して考えてよい．ここで，加工物に設定し

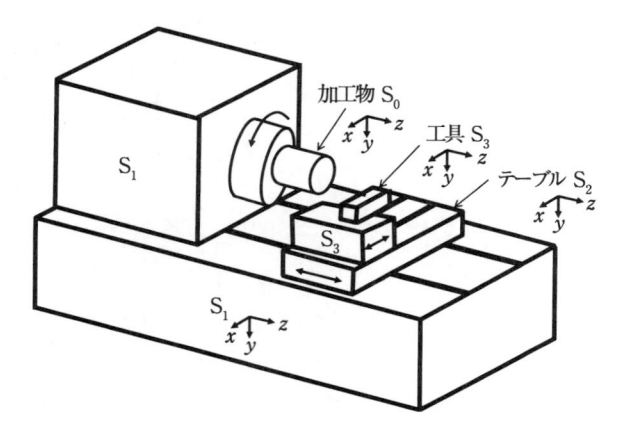

図5.3 代表的な旋盤構造

た座標系を x_0, y_0, z_0 として，この座標系から工具切れ刃の1点（加工物はこの1点で切削されると仮定）を定める位置ベクトルを r_0 とする．このベクトルは，工作機械構成要素の運動によって変化するが，工作機械内の相対運動の関数として表現することができれば，創成運動によって加工される部品の形状をベクトル r_0 によって数学的に表示することが可能となる．

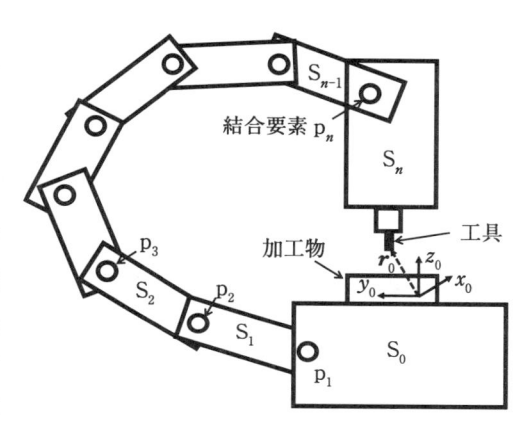

図5.4 工作機械の形状創成システム

空間中に存在する要素は，x, y, z 方向の直線運動と，それぞれの軸周りの回転運動の合計6自由度を持っている．それぞれの運動を λ で表すことにすると，λ は1～6までの数字で表される．1～3は x, y, z 軸に沿った直線運動を，また4～6はそれぞれの軸周りの回転運動を表すことにする（図5.5）．構成要素iとi-1の間の相対運動が x 軸方向の直線運動だとすると，要素iで定められた位置ベク

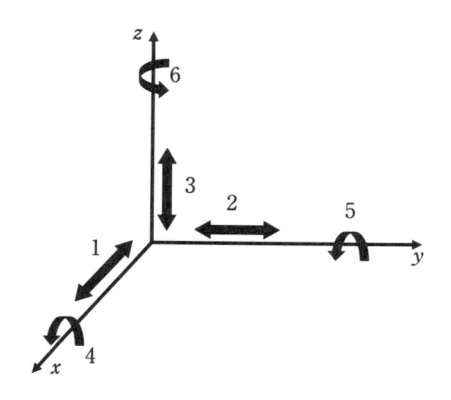

図5.5 創成運動のコード化

トル r_i を要素i-1から見た位置ベクトル r_{i-1} に次式で変換することができる（図5.6）．

$$r_{i-1} = A_{i-1,i}^j r_i \tag{5.1}$$

ここで，$A_{i-1,i}^j$（$j=1$～6）は6種類の相対運動に対する同次座標変換行列である．要素iとi-1の間が x 軸方向の直線運動の場合には，図5.6に示した同次座標変換行列 A^1 をベクトル r_i に乗ずればよい．6種類の相対運動に対する同次座標変換行列は以下のとおりである．

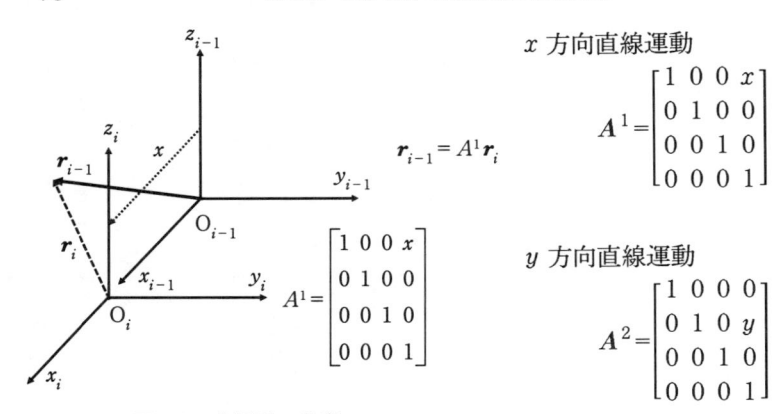

図5.6 座標系の移動

$\boldsymbol{r}_{i-1} = A^1 \boldsymbol{r}_i$

$$A^1 = \begin{bmatrix} 1 & 0 & 0 & x \\ 0 & 1 & 0 & 0 \\ 0 & 0 & 1 & 0 \\ 0 & 0 & 0 & 1 \end{bmatrix}$$

x 方向直線運動

$$A^1 = \begin{bmatrix} 1 & 0 & 0 & x \\ 0 & 1 & 0 & 0 \\ 0 & 0 & 1 & 0 \\ 0 & 0 & 0 & 1 \end{bmatrix} \tag{5.2}$$

y 方向直線運動

$$A^2 = \begin{bmatrix} 1 & 0 & 0 & 0 \\ 0 & 1 & 0 & y \\ 0 & 0 & 1 & 0 \\ 0 & 0 & 0 & 1 \end{bmatrix} \tag{5.3}$$

z 方向直線運動

$$A^3 = \begin{bmatrix} 1 & 0 & 0 & 0 \\ 0 & 1 & 0 & 0 \\ 0 & 0 & 1 & z \\ 0 & 0 & 0 & 1 \end{bmatrix} \tag{5.4}$$

x 軸周りの回転運動

$$A^4 = \begin{bmatrix} 1 & 0 & 0 & 0 \\ 0 & \cos\varphi & -\sin\varphi & 0 \\ 0 & \sin\varphi & \cos\varphi & 0 \\ 0 & 0 & 0 & 1 \end{bmatrix} \tag{5.5}$$

y 軸周りの回転運動

$$A^5 = \begin{bmatrix} \cos\psi & 0 & \sin\psi & 0 \\ 0 & 1 & 0 & 0 \\ -\sin\psi & 0 & \cos\psi & 0 \\ 0 & 0 & 0 & 1 \end{bmatrix} \tag{5.6}$$

z 軸周りの回転運動

$$A^6 = \begin{bmatrix} \cos\theta & -\sin\theta & 0 & 0 \\ \sin\theta & \cos\theta & 0 & 0 \\ 0 & 0 & 1 & 0 \\ 0 & 0 & 0 & 1 \end{bmatrix} \tag{5.7}$$

ここで,座標系 S_i が座標系 S_{i-1} に対して正の方向に動いた場合を正とし,回転座標軸の終点側から見て座標系 S_i が S_{i-1} に対して反時計方向に回転した場合を正とする.

位置ベクトル r は

$$r = \begin{bmatrix} x \\ y \\ z \\ 1 \end{bmatrix} \quad (5.8)$$

で表示される．4行4列の行列を使用することにより，直線相対運動と回転相対運動のいずれに対しても，行列の積によって座標変換を行うことができる．

n 個の運動要素を持つ工作機械に対して，表5.1のように，その要素，座標系，相対運動，同次座標変換行列を整理することができる．工具に設定した座標系 S_n での工具切れ刃の位置ベクトル r_n を加工物に設定した座標系での位置ベクトルに変換することを考える．すなわち，工具座標系での工具切れ刃の位置ベクトルに対して，各運動要素間の運動に対応した座標変換を順次行うことによって，最終的に加工物座標系から見た工具切れ刃の位置ベクトル r_0 を求めると，

$$r_0 = A_{0,1}^j A_{1,2}^j A_{2,3}^j \cdots A_{n-1,n}^j r_n \quad (5.9)$$

となる．式(5.9)を形状創成関数と呼ぶ．

表5.1 工作機械の創成運動モデル

要素	座標系	相対運動	同次座標変換行列
要素0（加工物）	S_0		
↓		λ_1	A^{j1}
要素1	S_1		
↓		λ_2	A^{j2}
要素2	S_2		
⋮	⋮		⋮
要素 $n-1$	S_{n-1}		
↓		λ_n	A^{jn}
要素 n（工具）	S_n		

3自由度を持つ工作機械として図5.7に示す旋盤を取り上げ，形状創成関数を求めてみよう．工具台は切込み運動を x 軸方向に直線的に行い，テーブルは z 軸方向に直線的送り運動を，また主軸と一体化した加工物は z 軸周りに切削回転運動をするから，旋盤の形状創成関数は

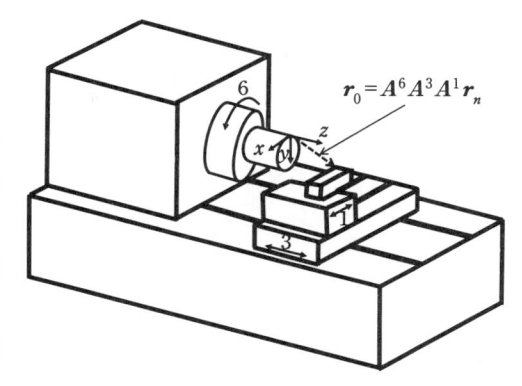

図5.7 代表的な旋盤構造の形状創成関数

$$r_0 = A^6 A^3 A^1 r_n \tag{5.10}$$

となる．実際に対応する同次座標変換行列を代入すると

$$r_0 = \begin{bmatrix} \cos\theta & -\sin\theta & 0 & 0 \\ \sin\theta & \cos\theta & 0 & 0 \\ 0 & 0 & 1 & 0 \\ 0 & 0 & 0 & 1 \end{bmatrix} \begin{bmatrix} 1 & 0 & 0 & 0 \\ 0 & 1 & 0 & 0 \\ 0 & 0 & 1 & z \\ 0 & 0 & 0 & 1 \end{bmatrix} \begin{bmatrix} 1 & 0 & 0 & x \\ 0 & 1 & 0 & 0 \\ 0 & 0 & 1 & 0 \\ 0 & 0 & 0 & 1 \end{bmatrix} \begin{bmatrix} 0 \\ 0 \\ 0 \\ 1 \end{bmatrix} = \begin{bmatrix} x\cos\theta \\ x\sin\theta \\ z \\ 1 \end{bmatrix} \tag{5.11}$$

である．ただし，簡単化のため，工具切れ刃と加工物は点接触し，加えて接触点の位置ベクトルは工具座標系の原点にあると仮定している．このとき，工具切れ刃の位置ベクトルは

$$r_n = \begin{bmatrix} 0 \\ 0 \\ 0 \\ 1 \end{bmatrix} \tag{5.12}$$

である．実際の切れ刃形状をベクトル表示することも可能であるが，ここではその説明は省略する．

図5.8に示す4自由度を持つ縦軸フライス盤の形状創成関数は

$$r_0 = A^1 A^2 A^3 A^6 r_n \tag{5.13}$$

である．

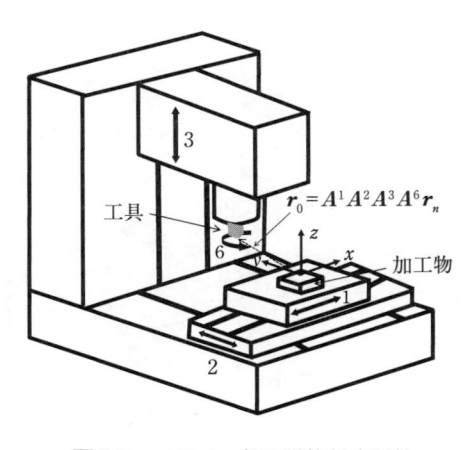

図5.8 フライス盤の形状創成関数

(2) 加工物形状の創成

形状創成関数を数値計算することにより，創成運動を計算機上で模擬することができ，加工物形状を予測することができる．式(5.11)で与えられる旋削加工を例にとる．ここで注意しなければならないことは，加工面形状を表現するためには2個の変数で十分なのであるが，式(5.11)には3個の変数（x, z, θ）が含まれていることである．したがって，加工面を決定するには拘束条件を導入し

5.2 工作機械の形状創成運動

なければならない.

変数が3個の場合，加工面を決定するうえで考えられる拘束条件は，位置の拘束が3種類（x, z, θ のそれぞれを固定），運動の拘束が4種類（それぞれの変数間にある関数関係を与える）の合計7種類である．しかし，切削運動 θ を止めることはできないので，6個の拘束条件を考えることが可能である．それぞれの拘束条件を与えた場合に，どのような加工表面が得られるかを**表5.2**（a），（b）に示す．外周長手切削は x を固定した場合，端面切削は z を固定した場合に対応する．$x=x(z)$ は円錐面，$x=x(\theta)$ はカム形状，$z=z(\theta)$ は $z=a\theta$ なる比例関係を仮定すると，ねじ面の加工を可能にする．

表5.2 旋盤による加工

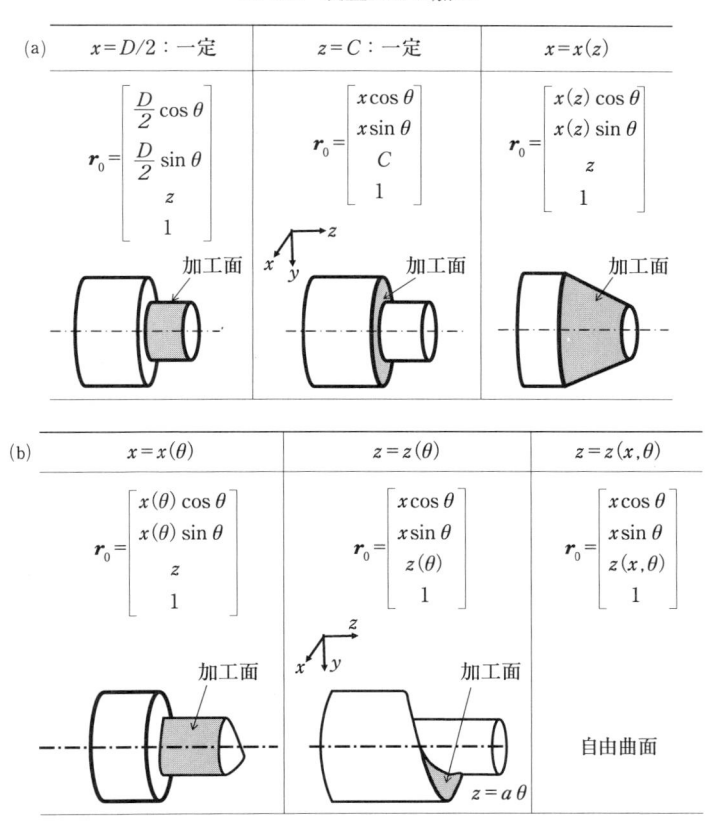

(a)

$x=D/2$：一定	$z=C$：一定	$x=x(z)$
$\boldsymbol{r}_0 = \begin{bmatrix} \dfrac{D}{2}\cos\theta \\ \dfrac{D}{2}\sin\theta \\ z \\ 1 \end{bmatrix}$	$\boldsymbol{r}_0 = \begin{bmatrix} x\cos\theta \\ x\sin\theta \\ C \\ 1 \end{bmatrix}$	$\boldsymbol{r}_0 = \begin{bmatrix} x(z)\cos\theta \\ x(z)\sin\theta \\ z \\ 1 \end{bmatrix}$

(b)

$x=x(\theta)$	$z=z(\theta)$	$z=z(x,\theta)$
$\boldsymbol{r}_0 = \begin{bmatrix} x(\theta)\cos\theta \\ x(\theta)\sin\theta \\ z \\ 1 \end{bmatrix}$	$\boldsymbol{r}_0 = \begin{bmatrix} x\cos\theta \\ x\sin\theta \\ z(\theta) \\ 1 \end{bmatrix}$	$\boldsymbol{r}_0 = \begin{bmatrix} x\cos\theta \\ x\sin\theta \\ z(x,\theta) \\ 1 \end{bmatrix}$
		自由曲面

（3）加工誤差の推定

形状創成理論を適用して，工作機械に存在する組立て誤差や運動誤差が加工物形状にどのような影響を与えるかを予測することが可能となる．組立て誤差には，構成要素間の直角度誤差や平行度誤差がある．

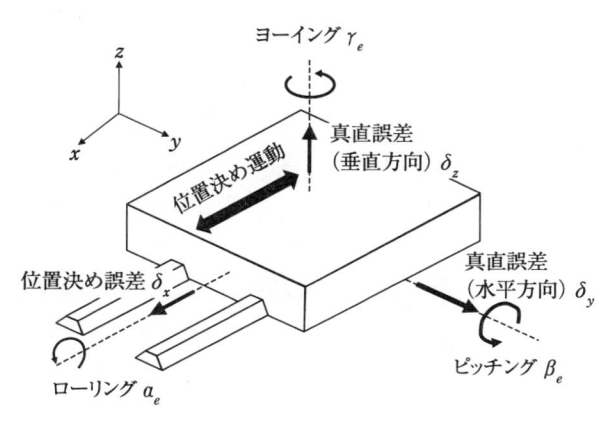

図5.9 工作機械テーブルの運動誤差

運動誤差としては，直線運動を例にとると，位置決め誤差，真直度誤差に加えて，ピッチング，ローリング，ヨーイングなどの回転誤差がある（図5.9）．

ある構成要素間に誤差が存在し，それらが微少で加算可能であると仮定すると，誤差ベクトル Δr は次式で表される．

$$\Delta r = \varepsilon\, r \\ \varepsilon = \begin{bmatrix} 0 & -\gamma_e & \beta_e & \delta x \\ \gamma_e & 0 & -\alpha_e & \delta y \\ -\beta_e & \alpha_e & 0 & \delta z \\ 0 & 0 & 0 & 0 \end{bmatrix} \quad (5.14)$$

ここで，$\delta x, \delta y, \delta z$ は x, y, z 軸に沿う直線運動誤差，$\alpha_e, \beta_e, \gamma_e$ は x, y, z 軸回りの回転誤差である．

ここでは詳細な説明を省略するが，式(5.14)の誤差行列を考慮した形状創成関数を用いることによって，各種の誤差が加工誤差に及ぼす影響を推定することができる[4]．工作機械の案内誤差や組立て誤差の影響を定量的に評価できるということは，工作機械の案内軸の構成を決定するうえで極めて有用である．同程度の誤差が存在したとしても，案内軸の構成順序によって加工精度に及ぼす影響が異なってくるからである．

（4）工作機械構造の多様性

工作機械の創成運動に含まれる構成要素間のすべての相対運動を，工具から出発して加工物で終了する1から6までの運動で表現することができる．たと

えば，図5.7に示した旋盤では，工具に最も近い運動を最右端に配置して，631という数字の並びで創成運動を表現できる．この数字の並びを形状創成コードと呼ぶ．実際の工作機械には，少なくとも一つの固定要素がある．図5.7の例では主軸箱とベッドである．そこで，固定要素を数字の0で表し，その位置を形状創成コードに書き込むと6031となる．これを工作機械の構造コードと呼ぶことにする．

構造コードの数字の順序を変更すると，新たな構造の工作機械を生み出すことができる．6031という4個の数字からなる構造では，順序の変更は4！＝24通り可能である．それでは，この24通りの構造すべてが6031の構造コードで表現される旋盤と同様な形状創成を実行できるかというとそうではない．次の四つの場合に限って順序の入替えが許されるのである．

① 固定要素0の移動：固定要素0は構造コードのどの位置あっても創成運動には影響しない．
② 直線運動（$i=1,2,3$ また $j=1,2,3$）が連続しているときは入替えが可能．すなわち，$A^i A^j = A^j A^i$
③ 同一の軸に関しての直線運動と回転運動は入替え可能．すなわち，$|j-k|=3$ のときはその順序を変更可能．
④ 同じ直線運動が連続するとき．すなわち $i=j$ のとき．

条件②〜④は，実際に同次座標変換行列を入れ替えてその積を求めれば同じ結果になることから確認することができる．

図5.7の旋盤に対して上の条件を当てはめてみると，12種類の構造が許されることがわかる．われわれが通常目にする旋盤構造6031のほかに，図5.10に示す全部で12種類の構造が可能なのである[3]．それぞれの構造は特徴を持っている．たとえば，構造コード6130の旋盤はすべての運動が加工物側に与えられている．これは，切りくずの生成点が移動しないことを意味しており，切りくず処理を行ううえで有利な構造といえる．

構造コードを使用することによって，入替え可能な条件を満足する中で，いろいろな構造の工作機械を系統的に考えていくことが可能となる．これは，工作機械の運動と組立て誤差が加工精度に及ぼす影響を定量的に評価できることと合わせて，形状創成理論が工作機械の計算機援用設計（CAD：Computer

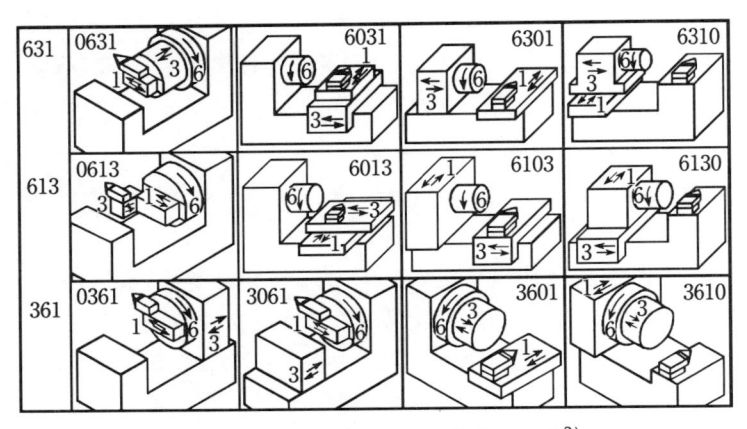

図5.10　各種の旋盤構造と構造コード[3]

Aided Design) に極めて有用であることを意味している．特に，制御軸数が多い多軸工作機械の構造を考えるうえで有用である．

5.3　案内要素と潤滑

5.3.1　案内要素

工作機械の創成運動を実行するには，直線および回転の案内要素が必要である．案内要素は，運動要素の重量を支持することに加えて，運動要素に正確な直線運動や回転運動を行わせるという二つの機能を負っている．後者の機能の中には，決められた位置や回転角で運動要素を固定するという機能も含まれる．

一つの運動要素は，空間中に存在する場合には三つの直線運動と三つの回転運動で合計六つの自由度持っているが，創成運動を構成するに必要となる一つの運動を行わせるためには，他の五つの自由度を拘束しなければならない．このような運動の拘束を行うのが案内要素である．工作機械で実際に必要となる1自由度案内要素の基本は，直線案内要素と回転案内要素である（図5.11）．工作機械のテーブルに一つの回転運動を許すものを回転案内と呼ぶが，主軸の回転運動を許す要素は軸受と呼ばれる．軸受には，半径方向の負荷を支持するラジアル軸受と軸方向の負荷を支持する　アキシアル軸受がある．案内要素は，不要な方向の運動を拘束して運動誤差を抑制しなければならないが，必要な方

5.3 案内要素と潤滑

向の運動は滑らかに遂行されるように摩擦低減の工夫が必要である．

通常使用される案内要素の形状は，直線案内に対してはV型（逆V型）や平型で，これらを組み合わせてテーブルの案内構造が決定される．図5.12に，直線案内に多用される二つの構造例を示す[5]．図(a)は逆V型要素2個の組合せで，テーブルの直線運動を案内する摺動面接触数は4であるのに対して，図(b)の構造では接触面数は3である．図(a)の構造は正確な直線運動を達成するのには適しているが，4面が一様に接触するためには案内要素とテーブルの摺動面は極めて高精度に製作されなければならない．また，切削力などの外力や熱が作用して構造要素に変形が生じた場合には滑らかな運動が困難になるので，大きな外力が作用しない精密工作機械や測定機器などに適した構造である．V型案内要素は，切りくずが堆積しやすいという欠点があるが，潤滑油の保持という点では逆V型要素より有利である．

摺動部分は，次第に摩耗してすき間の増大や運動精度の劣化を招くので，これらを補償するための構造上の工夫が必要である．

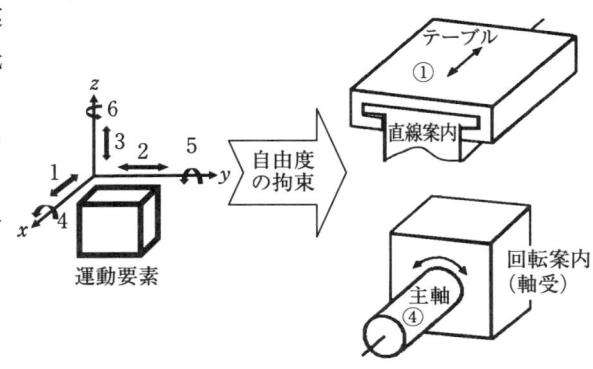

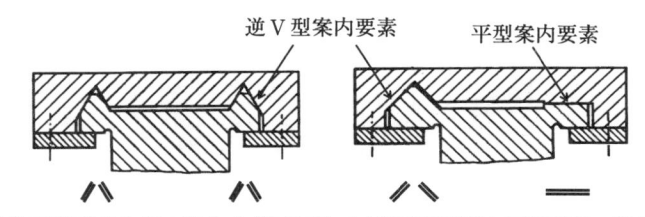

図5.11 直線案内と回転案内

(a) 逆V型要素2個の組合せ（過拘束）　(b) 逆V型要素と平型要素の組合せ

図5.12 案内面構造の例[5]

5.3.2 案内要素のトライボロジー

(1) 滑り速度-摩擦特性

運動要素に滑らかな直線運動や回転運動をさせるには，摺動部分の摩擦係数を低減するための適切な潤滑上の工夫が必要である．加えて，不十分な潤滑によって生ずる案内面の摩耗は，工作機械の運動精度を次第に低下させる．図5.13に示す旋盤の例は，テーブルの z 方向運動が頻繁である案内面中央部分での摩耗が進行して，工具刃先の位置がテーブル位置によって異なってくることを示したものである[6]．当然，加工物には円筒誤差が生ずる．このような偏摩耗の発達を小さく抑えるには，テーブル長さと案内面長さの差をなるべく小さくすることであるが，工作機械は大型化してしまう．

工作機械の摺動部に応用される代表的な摩擦係数低減方策と，それぞれの特質を表5.3，表5.4に示す[7]．液体（潤滑油）や気体などの流体を

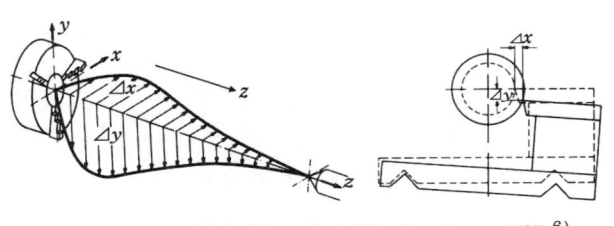

図5.13 案内面摩耗が加工物円筒誤差に及ぼす影響[6]

表5.3 案内摺動面の摩擦低減対策[7]

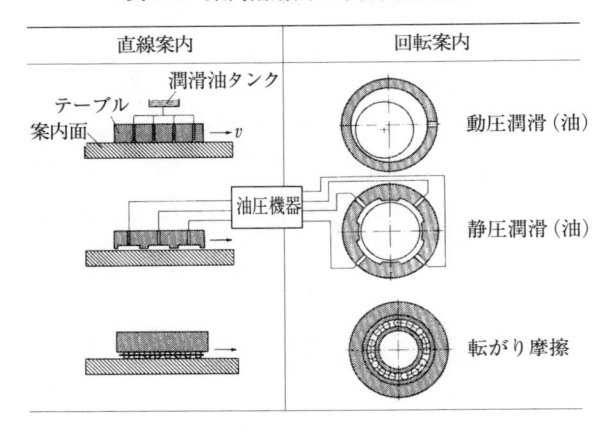

直線案内	回転案内
テーブル／潤滑油タンク／案内面 → v	動圧潤滑（油）
油圧機器	静圧潤滑（油）
	転がり摩擦

表5.4 各種摩擦低減方式の性能比較[7]

	動圧潤滑（油）	静圧潤滑（油）	転がり摩擦
寿命（耐摩耗性）	×	◎	○
運動精度	○	◎	×
剛性	×	◎	○
減衰性	◎	○	×
速度領域	×	◎	○

◎：優，○：普通，×：劣

5.3 案内要素と潤滑

介在させる場合と，転動体を介して滑り接触を転がり接触に変換する方法とに分けられる．前者は，相対運動によって発生する動圧効果を利用する動圧潤滑（hydrodynamic lubrication）と，あらかじめ圧力を加えた流体を外部から摺動部に供給する静圧潤滑（hydrostatic lubrication）に分類される．重量が大きく，かつ相対運動速度が小さい場合には，十分な動圧効果を期待できないので静圧潤滑方式が適用される．

静圧潤滑によれば，流体の供給圧力などを制御することによって，摺動部のすき間や剛性を調節することが可能で優れた潤滑性能を期待することができるが，潤滑油の供給と回収システムは複雑なものとなる．なお，表5.4に示した性能比較において，流体潤滑は潤滑油を使用した場合を想定している．気体を用いた場合は，粘性係数が小さいので発熱が少なく高速で高精度な運動を実現できるが，反面，気体の圧縮性のために高い剛性と減衰性を期待することができない．

潤滑油が介在する摺動部の摩擦特性は，図5.14にその一般的な特性を示すように，相対滑り速度と摩擦係数の関係（Stribeck曲線と呼ぶ）で表すことができる．

滑り速度が小さい領域は境界潤滑状態で，速度が増大すると混合潤滑を経て流体潤滑の領域に入る．境界潤滑は，固体表面の吸着分子膜を介在して二つの面が接触している状態で，流体潤滑は二つの面が潤滑油などの流体で分離されて固体同士の直接接触がない場合である．混合潤滑は，両者の過渡状態である．滑り速度が増大すると，接触面間のすき間は介在する流体の動圧効果によって増加して流

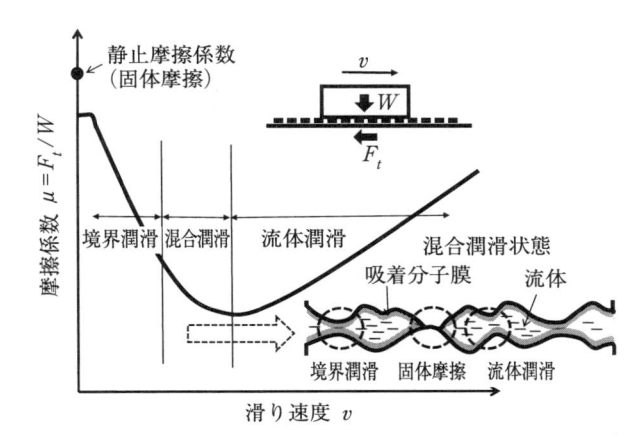

図5.14 摺動部の摩擦特性

体潤滑の領域に入る．流体が介在しない固体摩擦や境界潤滑領域の一部では，よく知られているクーロン（Coulomb）の摩擦の法則が成立して摩擦係数に及ぼす速度の影響は小さい．摩擦係数は，固体摩擦や境界潤滑領域でほぼ 0.1 のオーダ，混合潤滑領域で $0.1 \sim 0.01$ のオーダ，流体潤滑領域で < 0.01 のオーダである．

固体摩擦のみならず，境界潤滑，混合潤滑の状態でも，相対運度の開始時と停止時に生ずる固体接触の繰返しによって摺動面は次第に摩耗する．

（2）動圧潤滑の原理

相対滑り運動によって，接触部に介在する流体に圧力が発生する機構は，以下のレイノルズ（Reynolds）の潤滑理論によって説明できる．図 5.15 は，便宜上物体 A が固定され，無限に長い物体 B が速度 v_0 で右方向に運動していることを示している．実際の工作機械テーブルと案内面では，物体 A がテーブルとなって左方向に運動することになる．運動体と固定体の間には，非圧縮性で粘性係数 η の粘性流体が介在している二次元問題として扱う．さらに，流体の流れは層流，定常状態であると仮定すると，流体中の微小部分 $dx\,dy$ に作用する流体力のつり合いは

$$p\,dy - \left(p + \frac{dp}{dx}dx\right)dy - \tau\,dx + \left(\tau + \frac{d\tau}{dy}dy\right)dx = 0 \tag{5.15}$$

となる．ここで，p は静圧，τ は流体のせん断応力である．上式は

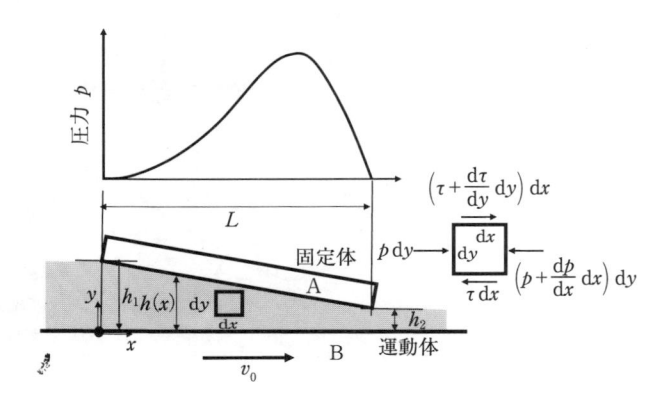

図 5.15 動圧潤滑の原理

$$\frac{dp}{dx} = \frac{d\tau}{dy} \tag{5.16}$$

と簡略化される．ここで，ニュートンの粘性の式

$$\tau = \eta \frac{\partial v}{\partial y} \tag{5.17}$$

と式 (5.16) から

$$\frac{dp}{dx} = \eta \frac{\partial^2 v}{\partial y^2} \tag{5.18}$$

である．圧力 p は y 方向には一定であるとすると，式 (5.18) を積分することができ，$y=0$ で $v=v_0$，$y=h$ で $v=0$ なる境界条件を使用すると

$$v = \frac{v_0(h-y)}{h} - \frac{y(h-y)}{2\eta}\frac{dp}{dx} \tag{5.19}$$

なる流体中のある1点の x 方向速度を与える式を求めることができる．これから，運動体と固定体間のすき間を流れる単位幅 (図5.15の奥行き方向) 当たりの流量 $\overline{Q}$ は

$$\overline{Q} = \int_0^h v\,dy = \frac{v_0 h}{2} - \frac{h^3}{12\eta}\frac{dp}{dx} \tag{5.20}$$

である．流量は x に対して一定であるから，連続の式 $d\overline{Q}/dx=0$ を式 (5.20) に適用すると

$$\frac{d}{dx}\left(\frac{h^3}{\eta}\frac{dp}{dx}\right) = 6v_0\frac{dh}{dx} \tag{5.21}$$

を得る．式 (5.21) は，一次元流れにおけるレイノルズ (Reynolds) の潤滑方程式である．すき間が x の関数として与えられれば，この式を解いてすき間内の圧力分布を計算することができる．

図5.15において $m=h_1/h_2$，$x_1=x/L$ とおくと

$$h = h_2(m - mx_1 + x_1) \tag{5.22}$$

である．式 (5.22) を用いて

$$p = \frac{\eta v_0 L}{h_2^2} \frac{6(m-1)(1-x_1)x_1}{(m+1)(m-mx_1+x_1)^2} \tag{5.23}$$

となる[8]．式 (5.23) は，すき間内の圧力分布を示しており，この式を x_1 に関

して 0 から 1 まで積分すれば，動圧効果によって支持することができる負荷（負荷容量）W を得ることができる．

式 (5.23) からわかるように，負荷容量は速度 v_0 と流体の粘性係数に比例し，傾斜が $0 (m=1)$ の場合は，負荷を支持することができず潤滑膜は形成されない．

摺動面において発生する動圧効果は，上述した面に平行な方向の相対運動だけではなく，面に垂直方向の相対運動によっても生ずる．この効果をスクイーズ効果（squeeze effect）と呼ぶ．

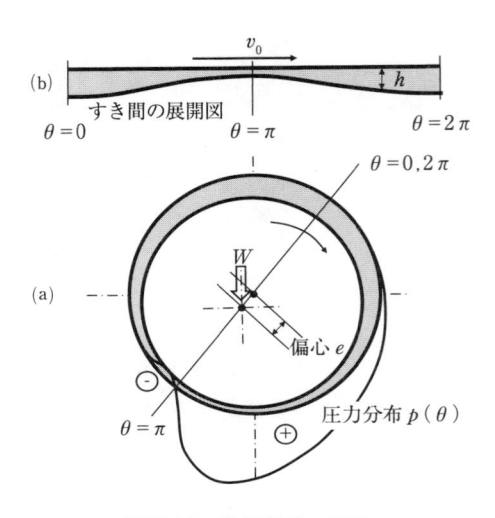

図 5.16 動圧軸受の原理

回転軸受においても，軸の自重などによる偏心によって軸と軸受間のすき間は円周方向に一定ではなく，図 5.16 (b) に示すように展開すると，図 5.15 と同様な状況になっている．したがって，軸の回転方向にすき間が減少する位置においては，動圧効果が生まれて軸を支持することができる（図 5.16）．最小すき間を過ぎてからは理論上負の圧力が発生することになるが，実際には引張り力によって生ずる負圧によって流体は破断して外部から空気を吸い込み，すき間内は大気圧となる．

（3）動圧潤滑テーブルにおける加工誤差の発生

運動体の浮上量や傾斜が速度の影響を受けることは，工作機械テーブルの精密な運動を実現するうえで障害となる．図 5.17 は，このようなテーブル浮上と傾斜が穴あけ加工誤差に及ぼす影響を示したものである．テーブル運動が停止した後，案内面上に静止するまでに時間を要する．スクイーズ効果によって接触面間に存在する潤滑油が排出されるまでに時間がかかるからである．この時間を十分にとらないで，あらかじめ設定してあったテーブル位置に到達した時点で加工物に，たとえば穴あけ加工をすると，穴の位置には Δx, Δy の誤差を生ずる．

動圧潤滑テーブルにおいては，運動の開始時と停止時で滑り速度が0となって負荷能力を失い，固体接触が生ずる．その結果長時間にわたる使用を経ると摩耗が進行して図5.13に示したような加工誤差を生ずることになる．動圧潤滑による摺動面では，このような摩耗を抑制し，摩擦係数を低減させるために表面にシート状の合成樹脂材を接着する場合が多い．

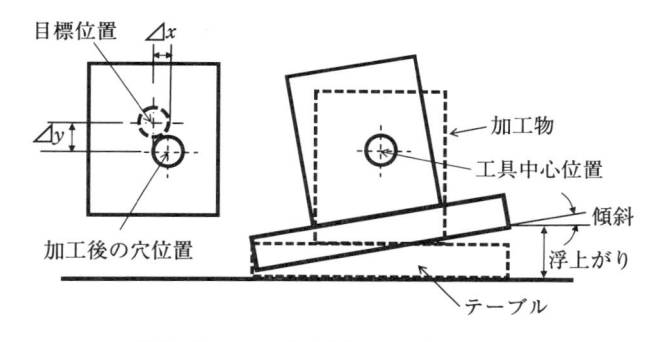

図5.17 テーブル浮上による加工誤差

　上述した問題は，テーブルの浮上量や姿勢を制御できる静圧潤滑方式の採用によって解決することができる．動圧，静圧いずれの潤滑方式においても，作動流体を気体にすれば流体のせん断抵抗を激減させて摩擦係数を下げることができるが，気体の圧縮性による剛性の低下と不安定振動の発生が問題となる．

（4）静圧潤滑の原理

　動圧潤滑の原理で負荷を支持するには，互に滑り合う2面間に一定速度以上の相対運動があり，かつ運動方向にすき間が広がっている傾斜が必要である．精密工作機械において，この傾斜は好ましいことではない．また，大型工作機械で大重量のテーブルを低速度で駆動する際も動圧潤滑では十分な負荷容量を期待することができない．これら動圧潤滑の問題点を解決する方式として，静圧潤滑が応用される場合がある．

　静圧潤滑を行うための基本要素は，図5.18に示す静圧潤滑パッドである．パッドは，対向する面とすき間を構成するランド（land）と，十分な深さを持ったポケットあるいはリセス（recess）と呼ばれる部分とから構成されている．ポンプで加圧した潤滑油を流体絞りを経緯してリセスに供給する．流体絞りには各種の方式あるが，ここでは内径を細くして流体抵抗とする毛細管を例にとって静圧潤滑の原理を説明する[9]．

　リセス内の圧力は十分な深さがあるために一定とみなすことができ，これを

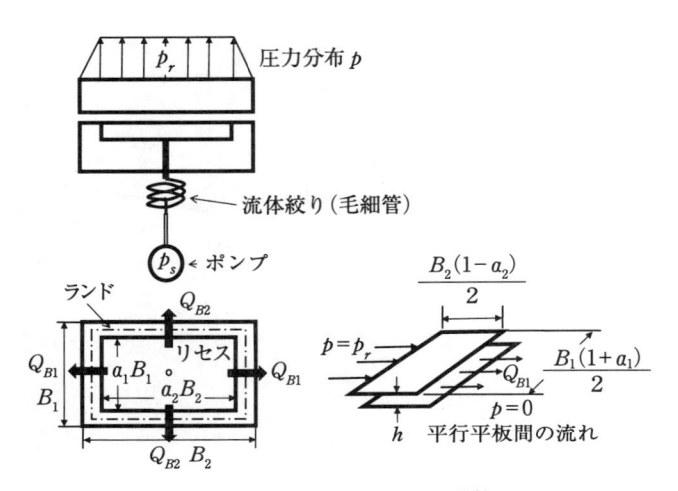

図5.18 静圧潤滑用パッド形状

p_r とする．周囲の大気圧との差によってリセス内の流体は4箇所のランドを通過して外部に流出する．各ランドの流路方向長さが十分小さいと仮定すると，各ランドを通過する流体の流れは，すき間 h の平行平板間の一次元流れとみなすことができるので，近似的に

$$Q_{B1} = \frac{h^3}{12\eta} \frac{B_1(1+a_1)}{B_2(1-a_2)} p_r \tag{5.24}$$

$$Q_{B2} = \frac{h^3}{12\eta} \frac{B_2(1+a_2)}{B_1(1-a_1)} p_r \tag{5.25}$$

である．したがって，全流出量 Q_out は次式で表される．

$$Q_\text{out} = 2(Q_{B1} + Q_{B2}) = \frac{h^3 p_r}{6\eta} \left\{ \frac{B_1(1+a_1)}{B_2(1-a_2)} + \frac{B_2(1+a_2)}{B_1(1-a_1)} \right\} \tag{5.26}$$

一方，毛細管内の流量は，その内径を d_c，長さを l_c とすると，ハーゲンポアズイユ（Hagen-Poiseuille）の式から

$$Q_\text{in} = \frac{\pi d_c^4}{128 \eta l_c} (p_s - p_r) \tag{5.27}$$

となる．ただし，p_s はポンプ供給圧である．

$Q_\text{in} = Q_\text{out}$ であるから，式(5.26), (5.27)より

$$p_r = \cfrac{1}{1 + \cfrac{128 l_c}{6\pi d_c^4}\left[\cfrac{B_1(1+\alpha_1)}{B_2(1-\alpha_2)} + \cfrac{B_2(1+\alpha_2)}{B_1(1-\alpha_1)}\right]h^3} p_s \qquad (5.28)$$

とリセス内圧力を求めることができる．

図5.18に示したように，ランド上の圧力は大気圧まで直線的に降下すると仮定すると，パッド上の圧力分布は四角錐台形とみなすことができる．したがって，ランド中央部を結んでできる一点鎖線で示した矩形の面積にリセス圧力 p_r を乗ずることによって，静圧パッドの負荷容量 W を求めることができる．

$$W = \frac{B_1 B_2 (1+\alpha_1)(1+\alpha_2)}{4} p_r \qquad (5.29)$$

流体絞りとしては，毛細管だけではなく，オリフィスも使用される．毛細管絞りよりも小型化することができる．毛細管絞りの長所は，上述の解析でもわかるように，使用する潤滑油の粘性係数の影響を受けなくなることである．

静圧潤滑方式を工作機械の案内面に応用するには，パッドを運動方向に複数個配列する（表5.3）．回転軸受の場合には，円周方向に4個以上のパッドを配置する．いずれの場合も，潤滑油の供給，循環，回収の配管系を構成しなければならない．静圧軸受においても，相対滑り速度が上昇するとランドで動圧効果が生ずる．動作流体として気体を使用することも可能であるが，圧縮性が大きいことによる剛性の低下が問題となるため，リセスを設けずに気体の容積を小さくすることが必要である．

（5）転がり摩擦要素

工作機械の直線，回転案内面に多用されている摩擦係数低減策は転がり摩擦の導入である．球形や円筒形の転動体を接触面に介在させて，滑り接触を転がり接触状態に変更することによって摩擦係数を固体滑りの1/100～1/1000まで低減することができる．転がり摩擦要素は，回転軸受のみならず，直線案内要素，送りねじ要素としても部品化されており，これらを使用することによって工作機械の製作は簡易化されている．

転がり軸受においても潤滑は必須である．簡便なグリース潤滑のほかに，潤滑油を的確に接触部に供給する方法が種々考案されている．油剤の供給が過多であると，流体の撹拌抵抗によってかえって発熱が顕著になるため，微量の油

滴を空気に混合して接触部に供給する方法が高速回転軸受の潤滑に応用されている．高速転がり軸受の発熱は，転動体に作用する遠心力が原因となっているため，転動体を軽量にするためにセラミックスの使用や，転動面の耐摩耗性を高めるために，耐摩耗性の高い材料を被覆することも行われる．

　転がり軸受における転動体と軌道面は接触面積が極めて小さいため，そこに発生する潤滑油の局所的動圧は極めて大きくなる．したがって，固体面は弾性変形して窪みに潤滑油を保持できるようになる（図5.19）．加えて，圧力上昇による潤滑油粘性係数の増大によって潤滑膜が形成され，固体同士の接触が回避されることが確認されている．このような流体の動圧効果と固体の弾性変形が連成した潤滑現象を弾性流体潤滑（elasto-hydrodynamic lubrication）と呼んでいる．弾性流体潤滑現象の存在によって転がり摩擦要素の潤滑が行われ，その寿命が延長されているのである．

　転がり接触部の転動体と軌道面の接触状態を示すのが図5.20である．転動体を球と仮定すると，軌道面との接触は幾何学的には点接触に近く，この部分での接触応力は極めて大きくなる．この接触応力によって平面は弾性変形し，ある面積を持った接触状態となる．押付け力 F と接近量 y との関係は，一般に

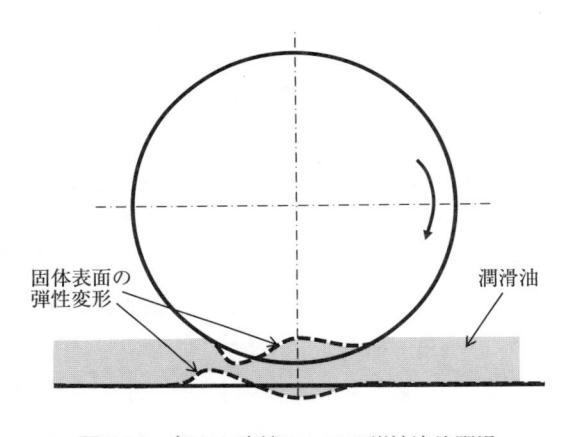

図5.19　転がり摩擦における弾性流体潤滑

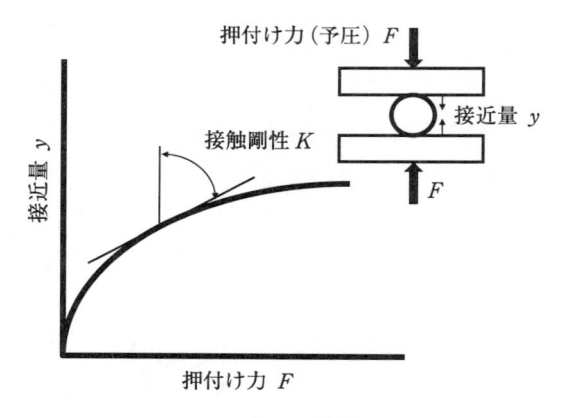

図5.20　転がり接触と予圧

$$y = \alpha F^n \quad (0 < n < 1) \tag{5.30}$$

となり，F/y すなわち接触部の剛性は接触変形が増大するほど上昇する挙動を示す．n の値は材質や接触部の形状によるが，大略2/3程度である．

この性質を効果的に利用して接触剛性を高めるために，転がり要素は接触部にあらかじめ負荷を与えて変形した状態で使用される．この負荷を予圧（pre-load）と呼ぶ．予圧を与えることによって接触剛性を高めることができるが，逆に転がり摩擦係数は増大する．高速で回転する転がり軸受の場合には，摩擦による発熱を抑制するために，適切な予圧に設定することが極めて重要となる．予圧は，図5.21に示す軸方向負荷と半径方向負荷の両方を支持することができるアンギュラ玉軸受を例にとると，主軸系の組立時に軸方向に一定の変位を与えて管理する（定位置予圧）場合と，ばねなどの弾性要素を介して付加する力の大きさで管理する場合（定圧予圧）とがある．発熱による軸受の焼付きを防止するうえで，定圧予圧方式は熱膨張による変形を弾性変形で吸収することができるので有利であるが，剛性は低く構造が複雑になる．

転がり軸受の高速対応性を評価する指標として，DN 値と呼ぶ量が使用される．主軸外径 d を mm で表し，これに毎分回転数 rpm を乗じた量である．数百万という高い DN 値を持つ主軸も開発されている．

高速運動体を支持する方式として，磁気浮上の原理を応用することもできる．これによっていろいろな制御機能の付加や監視機能を持たせることもでき

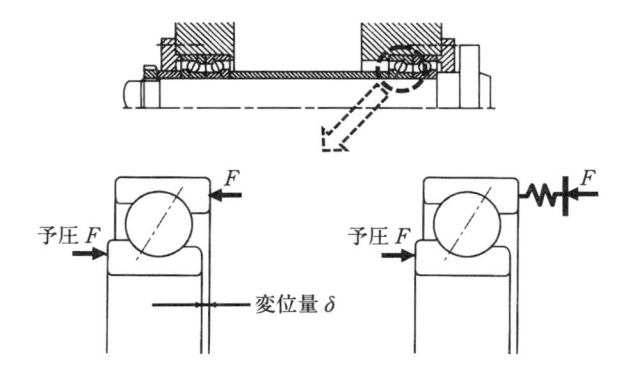

(a) 定位置予圧（変位量で管理）　　(b) 定圧予圧（付加荷重で管理）

図5.21　転がり軸受における予圧の考え方

るが,工作機械への実際の応用例はまだ限られている.

5.4 高精度創成運動達成のための設計指針

5.4.1 摩擦中心での駆動

テーブルを駆動するに当たって,その駆動点を案内面との間に生ずる摩擦抵抗モーメントとつり合わせることが滑らかな駆動をするうえで重要である.図5.22に示す逆V型(頂角90°)と平型で構成されたテーブル案内系を想定し,摩擦係数 μ はどの接触面も同じとしたときに設定すべき駆動点を以下のように導出することができる[10].

テーブル重量を W,重心が逆V型案内の頂点から x_G の位置にあるとすると,V型と平型案内部での反力は,それぞれ $B = Wx_G/L$, $A = W(1-x_G/L)$ である.

摩擦力と駆動力のつり合いは

$$\mu\sqrt{2}A + \mu B - F_d = 0 \tag{5.31}$$

である.モーメントのつり合いをV型案内の頂点に関して考えると,

$$F_d x_F = \mu BL \tag{5.32}$$

となる.式(5.31)と式(5.32)より,$\sqrt{2} \cong 1.4$ として駆動点は

$$x_F = \frac{x_G}{1.4 - 0.4\dfrac{x_G}{L}} \tag{5.33}$$

の位置に設定すべきである.この駆動位置から外れると,テーブルにはモーメントが加わり,滑らかな駆動ができなくなる.

工作機械テーブルには加工物が載せられ,その重心位置は変化する.加えて切削力も作用するので,常に摩擦中心でテーブルを駆動することは難しく,実際にはモーメントが作用した状態での駆動となる.そこで,次に述べるナローガ

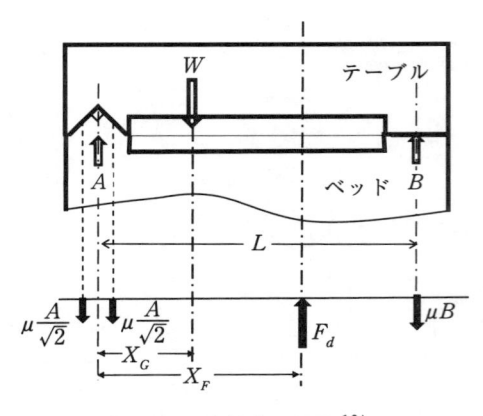

図5.22 摩擦中心駆動[10]

イドの原理を適用することが必要となる.

5.4.2 ナローガイドの原理

直線案内面に支持された運動要素（テーブル）を移動するためには，駆動力が必要である．駆動力を小さく抑えるために，以下に説明するナローガイドの原理（principle of narrow guide）を活用すべきである．図5.23は，案内面に支持されてz方向に直線運動をする工作機械テーブルを簡略化して示したものである[11]．テーブルx方向の運動は，ベッド左右の案内面で拘束されており，切削力やテーブル駆動力によってテーブルにはモーメントMが作用している．このモーメントにより，テーブルは案内面a，b部で接触力Fを生じているとする．以下では，これらの面に作用する摩擦力だけに注目する．駆動力F_dは右側案内面から距離xの位置に加えられる．案内面での摩擦係数をμとすると，駆動力に抗する摩擦力はそれぞれの案内面でμF_dとなる．

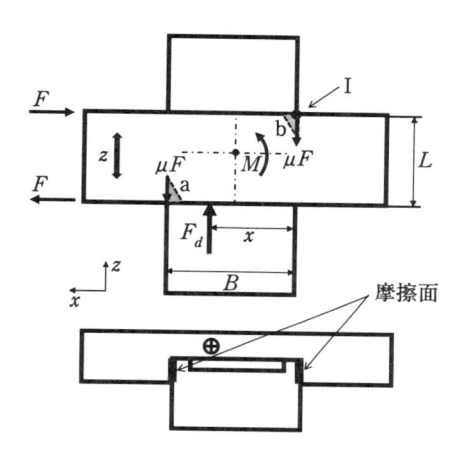

図5.23 ナローガイドの原理[11]

点I周りのモーメントのつり合いを考えると，

$$M = FL - \mu FB + F_d x \tag{5.34}$$

駆動力F_dによって，テーブルが移動する条件は

$$F_d > 2\mu F \tag{5.35}$$

となる．したがって，式(5.34)，(5.35)から

$$F_d > \frac{2\mu M}{L - B\mu + 2\mu x} \tag{5.36}$$

を得る．式(5.36)から，駆動力F_dを低く抑えるには案内面間の距離Bを小さくするか，接触長さLを大きくすればよいことがわかる．前者の条件をナローガイドの原理と呼んでいる．

5.4.3 テーブル駆動における摩擦振動現象とその抑制対策

テーブルを低速駆動する際に問題となる現象の一つに摩擦振動がある．これ

は，滑り速度が小さい領域で（図5.14で摩擦係数が負の勾配を持つ領域），滑り面での摩擦特性と駆動系の剛性や減衰不足が原因となって生ずる自励振動現象である．この現象が生ずると，正確な位置決めができなくなり，加工誤差発生の原因となる．

図5.24に示すように，テーブルと送りねじで構成されるテーブル駆動系を質量 m，静剛性 k を持つばね，減衰係数 c の減衰要素で構成される振動系としてモデル化する．テーブルと案内面間の摩擦係数を μ とし，その挙動は滑り速度 v の関数としてストライベック（Stribeck）曲線で表されるとする．駆動系が速度 v_0 でテーブルを移動させているときのばねの変形量を x とすると，速度 v_0 の近傍での質量 m の運動方程式は

$$m\ddot{x} + c\dot{x} + kx + F_f = 0 \tag{5.37}$$

である．ここで，F_f は摩擦力で，速度 v_0 の近傍で

$$F_f \approx mg\mu(v_0) + mg\frac{d\mu}{dv}\dot{x} \tag{5.38}$$

と近似できるとする．式 (5.38) を式 (5.37) に代入すると

$$m\ddot{x} + \left(c + mg\frac{d\mu}{dv}\right)\dot{x} + kx + mg\mu(v_0) = 0 \tag{5.39}$$

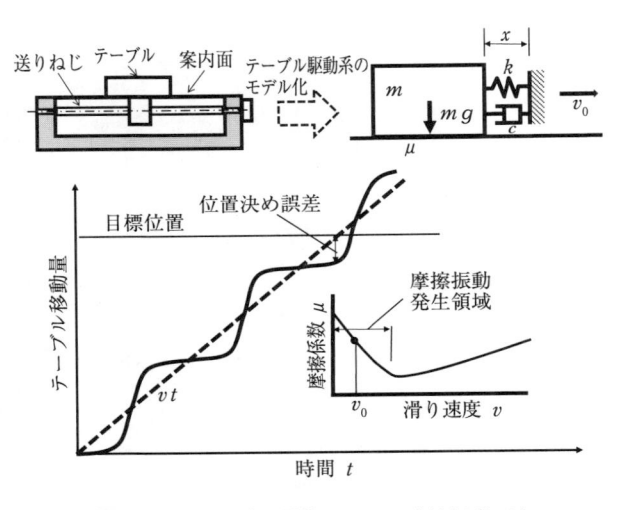

図5.24 テーブル駆動における摩擦振動現象

となる．式 (5.39) において，左辺第2項は振動系の減衰である．ストライベック曲線が示すように，境界潤滑，混合潤滑の低速度領域ではその勾配 $d\mu/dv$ は負である．したがって，括弧内の値が負になる可能性があり，このとき振動系はエネルギーを消散できずに自励振動を発生することになる．

上述した摩擦自励振動現象を抑制するには，摩擦係数が滑り速度に対して負の勾配を持たないような潤滑方式（静圧潤滑や転がり摩擦）の採用が必要である．また，式 (5.39) 左辺第2項の括弧内が負にならなければよいので，ストライベック曲線の負の勾配を小さくする潤滑方式の採用，運動質量 m の減少，また駆動系の減衰 c の増大も振動抑制に有効である．

静止摩擦係数が大きく剛性 k が小さいテーブル駆動系で，かつ送り速度が極めて遅い場合は，テーブルが案内面に固着する瞬間が生じて固着と滑り運動が交互に起こる現象が顕著になる．静止中のテーブルを動かすには，駆動系に蓄えられるばね力 kx が静止摩擦力に打ち勝つことが必要であり，上述の条件は，テーブルが案内面に固着している時間を増加させるからである．このような現象をスティックスリップ（stick-slip）現象と呼んでいる．スティックスリップ現象が生ずると，テーブルの正確な位置決めが著しく困難になる．ナローガイドの原理に従っていない案内面の場合は，静止摩擦力が大きくなるので，スティックスリップ現象が生じやすくなることに注意が必要である．

5.4.4 アッベの原理

アッベ（Abbe）の原理は，計測器の長さの測定精度を高めるうえで考慮すべき重要な設計原理を述べたものである．すなわち「測定対象を測長システムの目盛線と同一線上に置くべきである」という原理である．この原理を工作機械の案内面構成を決定する際にも考慮すべきである．

旋盤による外周切削を想定する．図5.25に示すように，案内面に傾斜誤差 θ があった場合，これが工具刃先の位置に及ぼす影響 ΔR は次式のように加工点と案内面の間の距離 h に比例して増大するからである．

$$\Delta R = \theta h \tag{5.40}$$

すなわち，加工物の直径誤差を小さく抑えるには，切削点と案内面の距離 h をできるだけ小さくなるように構造上配慮すべきである．

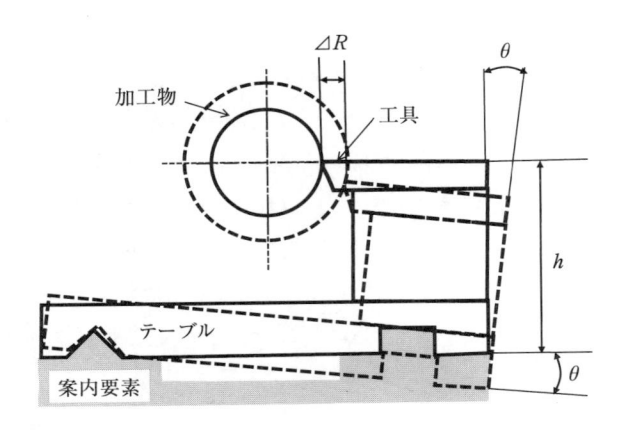

図5.25　アッベの原理

5.4.5 荷重支持機能と案内機能の分離

案内面は，運動要素の重量を支持するという機能と，その運動を正確に案内して位置決めするという二つの機能を達成しなければならない．支持重量が大きい場合には，これによる案内面の変形が運動精度を低下させる原因となるので，案内要素は高い剛性を持たなければならない．このような変形による案内誤差を究極にまで低減するには，運動要素の重量支持という機能と案内機能を分離することが必要である．

高い真直度を持つ基準面を案内要素から独立させて，基準面からのずれを検出して運動要素の位置を補正する制御システムが必要である．基準面として，たとえばレーザ光線の高い直線性を利用することも可能である．

5.5　工具と加工物の取付け具

5.5.1 標準的な取付け具

工作機械の「力の流れ」の中に存在し，機械加工の性能に大きな影響を持つのが工具と加工物の取付け具，あるいは保持具（jig, fixture）である．これらは，図5.26に示すように工具と工作機械間，加工物と工作機械間のインターフェイスとみなすことができる．その機能は，工具や加工物を高精度に位置決めして強固に保持することで，切削抵抗によって緩んだりずれたりしないことが必須である．

旋盤で加工物を保持する機器が図5.27 (a) に示すチャックである[11]．円筒形状の加工物を油圧や各種の機構を利用して3個の爪で把持する機器であるが，高速回転時に遠心力による把持力の低下を起こさないことが重要である．フライス工具やドリル工具などの回転工具を保持するのが図 (b) に示す工具ホルダである．工具と工作機械主軸の回転中心とを正確に一致させて保持することが重要で，主軸先端と工具ホルダの接触面形状に関しては種々の工夫が施されている．チャックや工具ホルダは汎用的に使用されるため，その主要な寸法や形状は標準化されている．

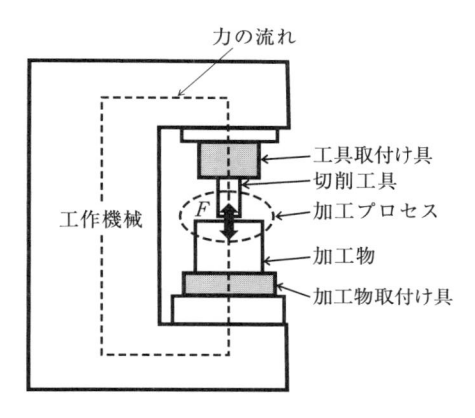

図5.26 工具取付け具と加工物取付け具の役割

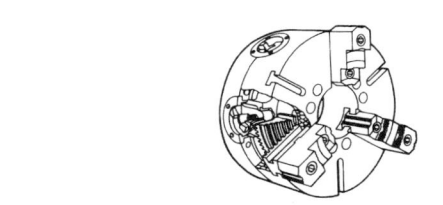

(a) 旋盤用加工物取付け具 (チャック)[11]

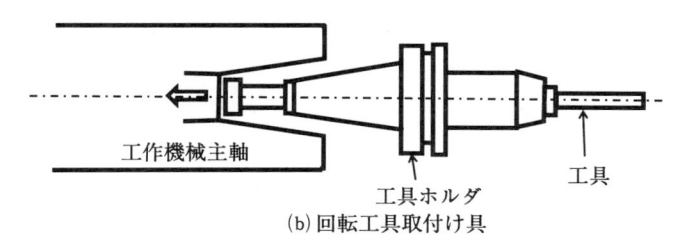

(b) 回転工具取付け具

図5.27 代表的な加工物取付け具と工具取付け具

5.5.2 組立てジグ

複雑な形状を持つ加工物はマシニングセンタによって加工されるが，工作機

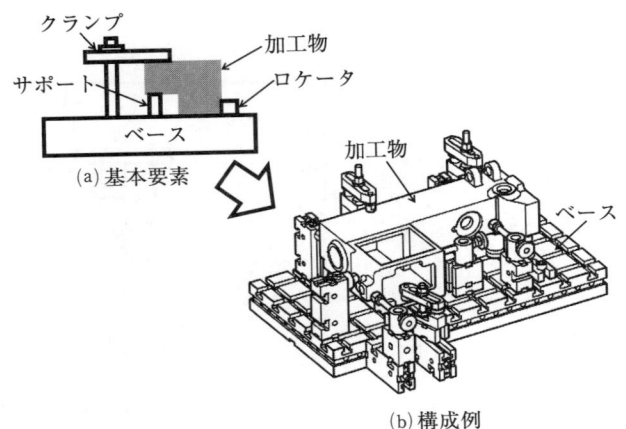

図5.28 組立てジグ〔(株) ナベヤ提供〕

械への取付けには深い知識と経験が必要である．加工物の工作機械テーブルへの取付けは，図5.28に示すようにベース（base）を介してロケータ（locator），サポート（support），クランプ（clump）などの補助具を使用して行われる．ベースは工作機械の座標系に対して加工物を正しく配置する役割を持ち，ロケータはベース上での加工物の位置決めと自由度の拘束，サポートは加工物の変形の抑制，クランプは加工物の締付けがその役割である．これら器具を使用して多様な加工物を工作機械テーブルに取り付ける設備を組立てジグと呼んでいる．組立てジグが果たすべき機能は，以下のように要約される．

(1) 高い寸法精度で加工するために，工作機械の座標系に対して加工物をテーブル上に指定された姿勢で再現性よく位置決めすること．
(2) 切削抵抗によって加工物のずれや変形が起きないこと．
(3) 剛性が低い加工物の場合には，保持するための締付け力によって加工物が変形しないこと．

加工物をベース上に正しく設置するには，図5.29に示した「3-2-1規則」に従うことが有効である[13]．加工物は，空間中に存在する状態では6個の自由度を持っている．これをベース上に置くと，z方向の直進運動とx, y軸周りの回転が拘束されて3個の自由度だけが残される．厚みaの加工を行うには，この状態でベースに加工物を締め付ければよい．幅bの段差を加工するには，y方

5.5 工具と加工物の取付け具

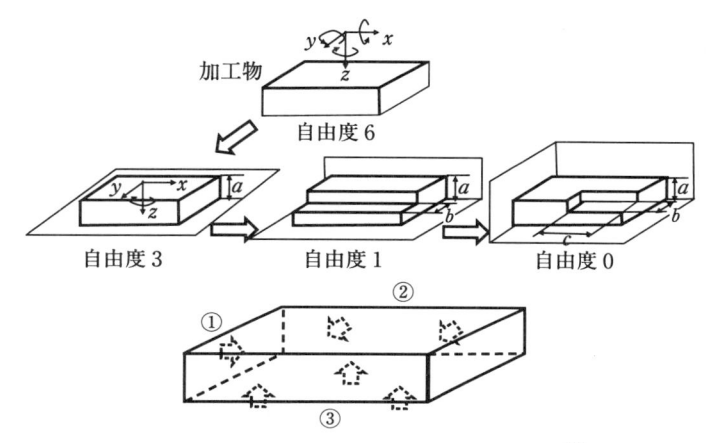

図5.29 加工物固定のための3-2-1規則 [13]

向の自由度をなくすことが必要となる．さらに，段差の長さを c とするためには，x 方向の自由度をなくす必要がある．すなわち，加工物を互いに直交する三つの面で拘束することによって x-y 面内での姿勢と位置を決定することができる．実際には面接触で拘束する必要はなく，図5.29に示すように x-y 面内3点，x-z 面内2点，y-z 面内1点での拘束で十分である．そこで，以下のように「3-2-1規則」がまとめられる．

(1) まず，3個のロケータで加工物の最も面積が広い面を拘束する．次に，この面に直交して最も長い稜線を持つ面を2個のロケータで拘束し，これら2面に直交する面を1個のロケータで拘束する．
(2) 6個のロケータをできるだけ広い範囲に分布させ，すべてのロケータを加工物表面と接触させること．
(3) ロケータの配置に当たっては，加工物の基準面を考慮すること．
(4) サポートとクランプは，加工中に作用する切削抵抗や締付け力に対向するように配置すべきである．

参考文献

1) J. Milberg : Werkzeugmaschinen- Grundlagen, Springer- Lehrbuch (1992) p. 9.
2) G. Boothroyd : Fundamentals of Metal Machining and Machine Tools, McGaw- Hill Book Company (1975) p. 1.

3) D. N. Reshetov and V. T. Portman : Accuracy of Machine Tools, ASME Press (1988) p. 21.
4) 稲崎一郎・岸浪建史・坂本重彦・杉村延広・竹内芳美・田中文基：工作機械の形状創成理論―その基礎と応用, 養賢堂 (1997) p. 70.
5) E. Saljé : Elemente der spanenden Werkzeugmaschinen, Carl Hanser Verlag München (1968) p. 35.
6) M. Weck : Werkzeugmaschinen,Band2, Konstruktion und Berechnung, VDI- Verlag (1979) p. 112.
7) M. Weck : Werkzeugmaschinen, Fertigungsssyteme 2 Konstruktion und Berechnung, Springer (1997) p. 237.
8) 曽田範宗：軸受け, 岩波全書 (1964) p. 23.
9) 青山藤郎・稲崎一郎 (監修)：静圧軸受 (設計と応用)：工業調査会 (1990) p. 36.
10) 文献5), p. 66.
11) 文献10), p. 67.
12) S. Kalpakjian : Manufacturing Engineering and Technology, 2nd Edition, Addison- Wesley (1992) p. 671.
13) A. Y. C. Nee, K. Whybrew and A. S. Kumar : Advanced Fixture Design for FMS, Springer-Verlag (1995) p. 11.

第6章
機械加工プロセスと工作機械の相互作用（1）静的相互作用

6.1 序言

　工作機械は，切削・研削加工プロセスを遂行する際にそこから力や熱の影響を受ける．これらの影響に抗して高い運動精度を保って創成運動を遂行しなければならない．この点が，計測・測定機器との大きな相違である．加工能率を高めようとすると，工作機械に作用する負荷は増大し，高精度創成運動の実行が困難になる．第3章と第4章で述べた切削・研削プロセスから生ずる力と熱，また第5章で述べた工作機械の創成運動の相互作用を静的な相互作用と動的な相互作用に分けて本章と次章で述べる．

6.2 力と変位を介しての相互作用

6.2.1 工作機械の静剛性と加工精度

　加工プロセスから生じた力は，工具，加工物を通して工作機械に作用する．これらの構成要素に発生する変形は，加工誤差の原因となるので機械系の剛性を高めることが必要である．切削力以外にも，構成要素の重量による変形も大型工作機械の場合には問題となる．

　剛性（stiffness）k は，単位変位量を生ずるに必要な力 F として

$$k = \frac{F}{y} \tag{6.1}$$

で定義される．場合によっては，剛性の逆数であるコンプライアンス（compliance）という量を用いる場合もある．ここで，y は変位量である．時間的にほぼ一定とみなせる力に対しては，静剛性，振動的な力に対しては動剛性が定義されるが，後者は振動数の関数となる．

　工作機械の剛性を評価するうえで重要なことは，その方向を指定することである．加工誤差の原因となる変形は加工面に垂直な方向であるから，この方向

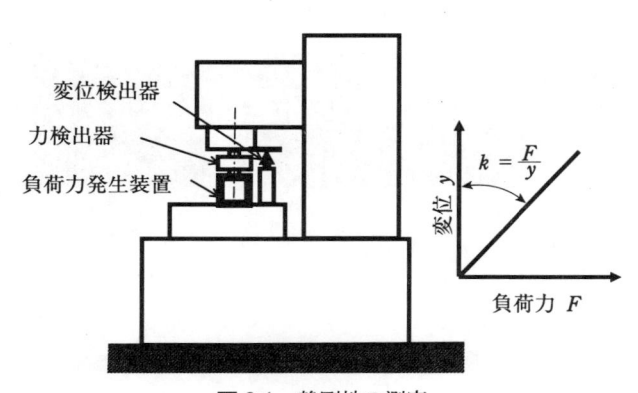

の変形を決定する剛性に注目することが必要である．剛性の測定には，図6.1に示すように油圧などを利用した負荷力発生装置と負荷力検出器，そして変位検出器が必要である．工具と加工物の間に力を加えて，その間に生ずる変位量を測定する．大変形を与えると構造の非線形性やヒステリシス現象が現れるが，微小変形の範囲では多くの場合負荷力と変位との間には線形性を仮定できる．

図6.1 静剛性の測定

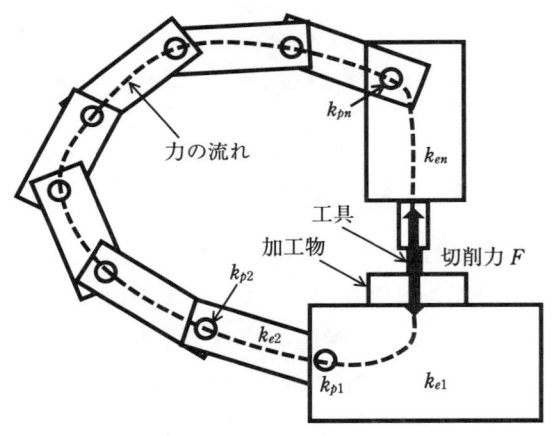

図6.2 工作機械内の流れ

工作機械は多くの構成要素から構成されているので，総合的な剛性はそれら構成要素自身の変形と結合部変形の総和として決定される．ここで，図6.2に示す切削によって発生する「力の流れ」に注目することは有意義である．工具と加工物から出発する力の伝達経路，すなわち「力の流れ」の中に存在する要素と結合部には変形が生ずるからである．図6.2に示すように，「力の流れ」の中に存在する構成要素の剛性を k_{ei}，結合部剛性を k_{pi} とすると，総合剛性 k_m はこれらの直列結合として

$$\frac{1}{k_m} = \frac{1}{k_{e1}} + \frac{1}{k_{p1}} + \cdots + \frac{1}{k_{en}} \tag{6.2}$$

で近似的に与えられる．

6.2.2 静剛性の向上方策

工作機械の剛性を高めるには，その構造設計の段階で適切な材料の選択と寸法の決定が必要である．今日では，有限要素法などの数値解析手法を利用して複雑な構造の剛性解析も可能となっている（図6.3）[1]．しかし，要素の結合部に対してどのような境界条件を適用するかについては十分な配慮が必要である．

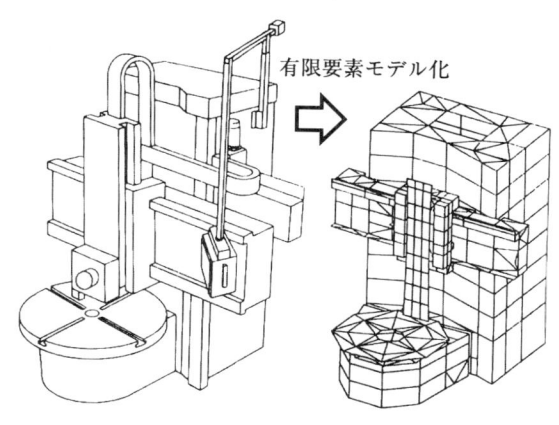

図6.3 工作機械構造の有限要素モデル[1]

図6.2と式(6.2)から，工作機械の剛性を高める方策として次のように重要な2点を指摘することができる．

(1)「力の流れ」の短縮：工作機械の構成要素の数をなるべく少なくして，工具と加工物から出発して工作機械内部を伝達する「力の流れ」の長さを極力短くすべきである（図6.2）．

(2) 剛性の均等配分：総合剛性は，最も剛性が低い要素と結合部の剛性に大きく影響される〔式(6.2)〕ので，極端に剛性が低い部分を設けないこと．

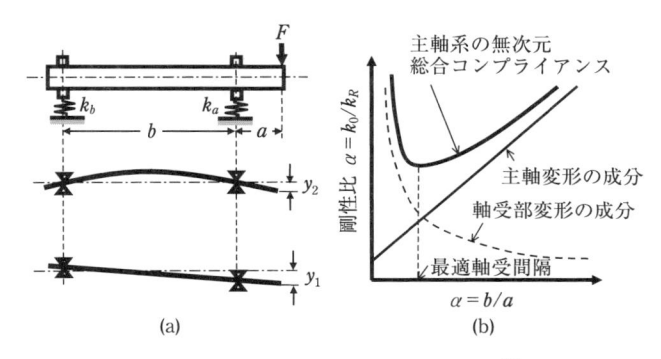

図6.4 主軸系の剛性（最適軸受間隔）[2]

工具や加工物が取り付けられる主軸系は，特に剛性向上対策が必要な要素で，その最も基本的な構造は，図6.4に示すように前部と後部軸受けの2箇所で支持されたものである．この構造を例にとって，剛性向上を図るうえで最適な設計解が存在することを以下に示す[2]．

主軸端に負荷 F を受けたときにその部分に生ずる変位は，主軸自身の曲げ変形と軸受の変位の和である．両者の変形量が小さい範囲では，軸受剛性を無限大と仮定して求めた軸の変形と，軸剛性を無限大と仮定して求めた軸受部の変形を別個に求めて加算することによって総合変形量を求めることができる．

両軸受の間隔を b，前部軸受からの突出し量を a とし，主軸の縦弾性係数を E，断面二次モーメントを I，前部軸受け剛性を k_a，後部軸受剛性を k_b とする．前部軸受と後部軸受での反力は，それぞれ

$$F_a = F\left(\frac{a}{b} + 1\right), \quad F_b = -F\frac{a}{b} \tag{6.3}$$

である．主軸の曲げ変形を無視したときに軸受部で生ずる変形による主軸先端部の変位量 y_1 は

$$y_1 = y_a + \left(\frac{a}{b}\right)(y_a - y_b) \tag{6.4}$$

である．ただし，y_a, y_b はそれぞれ前部軸受部，後部軸受部での変位である．したがって，軸受剛性を用いると，式 (6.3), (6.4) から

$$y_1 = F\left[\frac{1}{k_a} + 2\left(\frac{a}{b}\right)\frac{1}{k_a} + \left(\frac{a}{b}\right)^2\frac{1}{k_a} + \left(\frac{a}{b}\right)^2\frac{1}{k_b}\right] \tag{6.5}$$

となる．

一方，軸受剛性を無限大と仮定したときの主軸の変形 y_2 は

$$y_2 = \frac{Fa^3}{3EI} + \frac{Fba^2}{3EI} \tag{6.6}$$

である．そして，総合変形量 y_R は y_1 と y_2 の和として求めることができる．ここで，

$$\frac{b}{a} = \alpha, \quad \frac{3EI}{a^3} = k_0, \quad \frac{k_0}{k_a} = \beta, \quad \frac{k_0}{k_b} = \gamma \tag{6.7}$$

とおくと，k_0 と総合剛性 $k_R = F/y_R$ の比は

$$\frac{k_0}{k_R} = 1 + \alpha + \beta + 2\frac{\beta}{\alpha} + \frac{\beta}{\alpha^2} + \frac{\gamma}{\alpha^2} \tag{6.8}$$

として無次元表示される[3]．ここで，k_0 は，式 (6.7) で与えたように，主軸の突出し部を片持ち梁とみなしたときの梁の剛性である．式 (6.8) の関係は，軸受部の変形による成分が α の増大によって減少するのに対して，軸の曲げ変形による成分は α の増大に伴って増加することを示している．すなわち，軸受間隔と突出し量の比には，主軸系の総合剛性を最大にする最適値が存在することを示唆している．β，γ を一定としたときの式 (6.8) の関係を示したのが図 6.4 (b) である．軸受部の剛性は，5.3.2 (5) 項で述べた予圧量によって異なってくる．予圧を付与することによって軸受部の剛性を高めることができるが，発熱量が増大して軸受の焼付きが生ずる可能性が増えることには十分な注意が必要である．

　主軸系の剛性解析は，もちろん有限要素法などによってより精緻な数値解析が可能であるが，ここに示したような簡便な解析によって，見通しのよい結果を把握することも構造設計のうえで重要である．

6.2.3 切残しによる加工誤差

(1) 切削加工の例

　工作機械の静剛性向上は，加工誤差を抑制して加工精度を高めるうえで必須である．工作機械構造と機械加工プロセスの相互作用を理解することが重要となる簡単な例として，図 6.5 に示す切削モデルを想定する．設定切込み深さ h_n として切削を開始すると，加工面に垂直方向の切削抵抗 F_n によって機械系に

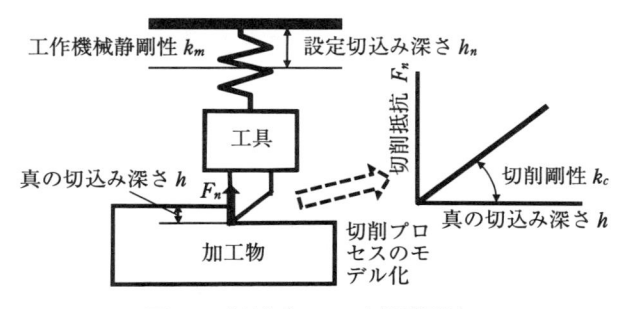

図 6.5　切削プロセスと機械剛性

変形 y が生ずる．機械系の静剛性を k_m とすると，その変形量は

$$y = \frac{F_n}{k_m} \tag{6.9}$$

である．式 (6.9) は，簡単な外力（機械系への入力）と変形量（機械系からの出力）との関係を与えているが，機械系の静的な挙動を与えるモデル式として重要である．すなわち，$1/k_m$ は静的コンプライアンスで，入力を力，また出力を変位としたときの機械系の伝達関数と考えることができる．

加工面に垂直な法線方向切削抵抗は，式 (3.7) の二次元切削モデルを適用して

$$F_n = b h \tau_{\mathrm{cr}}(\cot\phi \tan\phi - 1) = k_c h \tag{6.10}$$

で表されるものとする．すなわち，

$$k_c = b \tau_{\mathrm{cr}}(\cot\phi \tan\phi - 1) \tag{6.11}$$

とおくと，切削抵抗は真の切込み深さ h に比例するとみなせる．比例定数 k_c は静剛性と同じ次元を持つので，これを切削剛性と呼ぶことにする．設定切込み深さ h_n，真の切込み深さ h，弾性変形量 y の間には

$$h = h_n - y \tag{6.12}$$

の関係があるから，式 (6.9)，(6.10)，(6.12) より

$$\frac{h}{h_n} = \frac{1}{1 + k_c/k_m} \tag{6.13}$$

が求められる．機械系の剛性が無限大であれば，真の切込み深さは設定切込み深さと一致して加工誤差は生じない．しかし，有限の剛性の下では $h < h_n$ であり，必ず切残し誤差が生ずる．以上の関係は，図 6.6 のブロック線図で表現することができる．

① 加工物と支持部の変形

一端をチャックで保持した加工物を旋削加工する場合を想定する（図 6.7）．

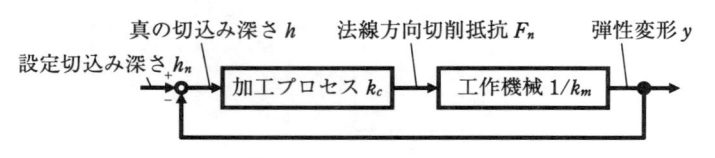

図 6.6 静的切削プロセスのブロック線図

加工物を片持ち梁で近似して支持部の変形はないものとすると，切削位置 $x=L$ において切込み方向切削抵抗 F_r〔式（3.16）〕が作用した場合のその位置での変位 $y(L)$ は次式となる．

$$y(L)=\frac{F_r L^3}{3EI} \tag{6.14}$$

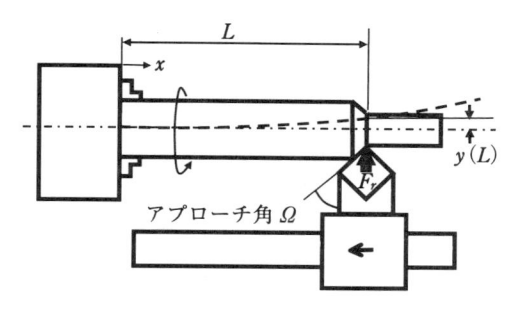

図 6.7 旋削加工における円筒加工誤差（一端保持）

上式を変形すると

$$\frac{F_r}{y(L)}=\frac{3EI}{L^3}=k_m(L) \tag{6.15}$$

となり，加工物の剛性は切削位置によって変化する．式（6.13）に式（6.15）を代入すると，切残し誤差は加工物先端部において最大となって先端部が太くなる円筒誤差を生ずることがわかる．円筒誤差を小さく抑えるには，加工物先端部を心押し台で保持することに加えて，工具のアプローチ角を小さくして切込み方向分力を小さくすることが有効である（図 3.10 参照）．

心押し台を使用しても，チャック側との剛性のバランスが悪いと，以下に示すように円筒誤差が発生する．図 6.8（a）は，一端をチャックで保持し，他端を心押し台で支持した加工物を旋削している状況である[2]．この例では，加工物はその直径が十分大きく，曲げ変形を無視できるほど剛性が高いと仮定する．一方，チャックと心押し台保持部での変形が無視できないものとし，それぞれの保持剛性を k_1, k_2 とする．切込み方向切削抵抗を F_r とすると，両保持部に生ずる反力は，それぞれ

$$F_1=F_r\left(1-\frac{x}{L}\right), \quad F_2=F_r\frac{x}{L} \tag{6.16}$$

となり，これらをそれぞれ対応する静剛性 k_1, k_2 で割れば，各部位での変位を求めることができる．切削点での変位は

$$y=y_1+\frac{x}{L}(y_2-y_1)=\frac{F_r}{k_1}\left[\left(1-\frac{x}{L}\right)^2+\alpha\left(\frac{x}{L}\right)^2\right] \tag{6.17}$$

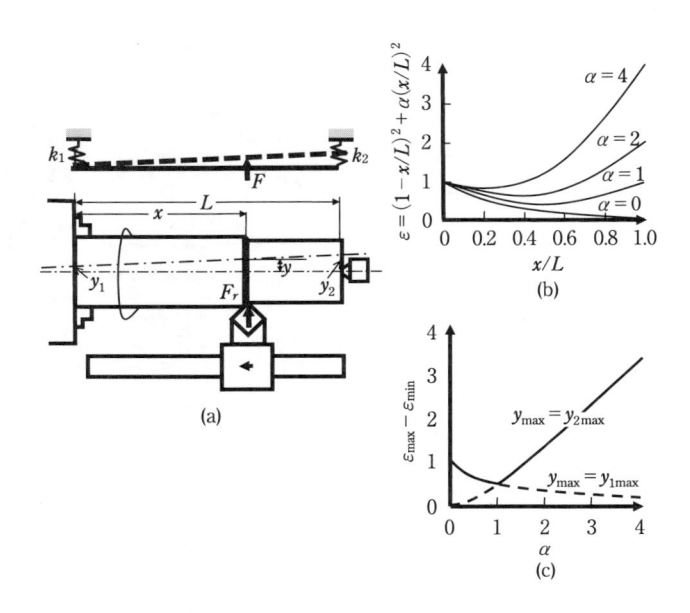

図6.8 旋削加工における円筒加工誤差（両端保持）[2]

である．ただし，$\alpha = k_1/k_2$ である．したがって，切削位置での剛性 $k_m = F_r/y$ は切削位置 x の関数となる．式 (6.13) に式 (6.17) を代入すると，切残し誤差は切削位置の関数として

$$\frac{h}{h_n} = \frac{1}{1 + (k_c/k_1)[(1-x/L)^2 + \alpha(x/L)^2]} \tag{6.18}$$

となる．切残しによる加工誤差（円筒誤差）に及ぼす両支持点の剛性比 α の影響を検討するため，式 (6.18) 分母の [ ] 内を

$$\varepsilon = \left(1 - \frac{x}{L}\right)^2 + \alpha\left(\frac{x}{L}\right)^2 \tag{6.19}$$

とおいて x/L に対して示したのが 図6.8 (b) である．この図から，$\varepsilon_{\max} - \varepsilon_{\min}$ を求めて剛性比に対して描いたのが 図6.8 (c) である．これより，両保持部の剛性が等しいときに円筒誤差（最大直径－最小直径）は最少となり，機械系の剛性はその構造の中でできるだけ均等に配分されるべきであることがわかる．

② テーブル案内面の変形

剛性配分均等化の重要性は，テーブル案内面に関しても指摘することができる．図6.9は，フライス盤で平板状の加工物上面を切削しているモデルである[4]．加工物とテーブルの剛性は十分に高く，主たる変形は案内面接触部に生ずると仮定すると，式(6.18)をそのまま適用することができる．平面度誤差を抑制するには，両案内面の接触部剛性を等しくすべきである．

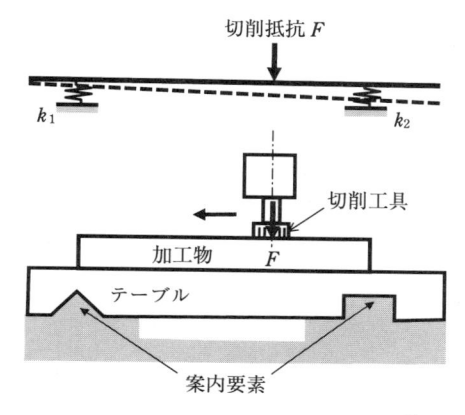

図6.9 テーブル案内面剛性の影響[4]

(2) 研削加工の例

研削加工は，高硬度材料の精密仕上げ工程として重要であり，その役割を果たすために機械系の静剛性がなぜ高くなければならないかを円筒プランジ研削を例にとって以下に説明する．

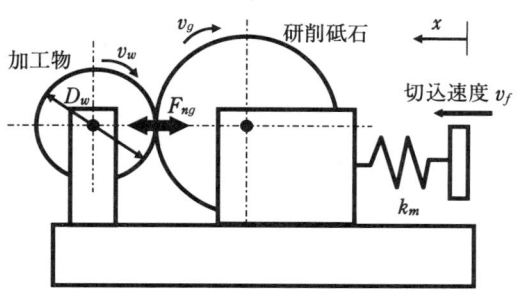

図6.10 研削加工における相互作用

図6.10に示すように，砥石台の送り量をx，加工物の半径減少量をr_w，研削抵抗の法線方向成分F_{ng}によって生ずる機械系の弾性変形量をyとすると，

$$r_w = x - y \tag{6.20}$$

なる関係が成立する．機械系の静剛性をk_mとすると，

$$y = \frac{F_{ng}}{k_m} \tag{6.21}$$

となる．

砥石台の切込み速度をv_fとすると，時間をtとして

$$x = v_f t \tag{6.22}$$

であるから，

$$r_w + \frac{F_{ng}}{k_m} = v_f t \tag{6.23}$$

となる．

ここで，研削動力 P_g が単位時間当たりの材料除去量 $[\dot{M}_g = B\pi D_w(\mathrm{d}r_w/\mathrm{d}t)]$，すなわち研削率に比例すると仮定し，$F_{tg}$ を接線方向研削抵抗，B を研削幅，D_w を工作物の直径，v_g を砥石周速度，$\overline{P_g}$ を比研削エネルギーとすると，

$$F_{tg} v_g = \overline{P_g} B \pi D_w \frac{\mathrm{d}r_w}{\mathrm{d}t} \tag{6.24}$$

となる．したがって，静的な法線方向研削抵抗を与える式として

$$F_{ng} = \kappa \overline{P_g} B \pi D_w \frac{1}{v_g} \frac{\mathrm{d}r_w}{\mathrm{d}t} \tag{6.25}$$

を得る．ただし，κ は法線方向研削抵抗と接戦方向研削抵抗の比 $\kappa = F_{ng}/F_{tg}$ である．式 (6.25) は，研削プロセスのモデル式とみなせる．以上の関係から，

$$r_w + \frac{\kappa \overline{P_g} B \pi D_w}{k_m} \frac{1}{v_g} \frac{\mathrm{d}r_w}{\mathrm{d}t} = v_f t \tag{6.26}$$

なる微分方程式が得られ，円筒プランジ研削は一次遅れ系と近似されることがわかる．式 (6.26) の解は，

$$r_w(t) = v_f t - v_f T(1 - e^{t/T}) \tag{6.27}$$

となる．T は一次遅れ系の時定数で，

$$T = \frac{\kappa \overline{P_g} B \pi D_w}{k_m v_g} \tag{6.28}$$

である．

式 (6.28) は，図 6.11 のように時定数をパラメータとして研削時間に対して描かれる．ただしこの図において，研削サイクルは一定の砥石切込み速度と，切込み運動を停止した後のスパークアウト研削とから構成されているとしている．図中の実線は砥石台の動きを示し，点線は実際の加工物半径減少量を示している．点線の傾きは実際の加工物半径減少速度であり，定常状態以外では砥石切込み速度とは一致していない．半径減少速度は，研削開始時から次第に上昇し，定常状態に至ると砥石切込み速度と一致する．砥石切込みが停止して

スパークアウト研削に入ると，半径減少速度は次第に低下して0に漸近する．このような時間遅れは，時定数の増大，すなわち機械系の剛性の低下によって促進される〔式(6.28)〕．一方，砥石周速度を上昇させることにより研削時定数を減少させることができ，高速研削の特長を生かすことができる．

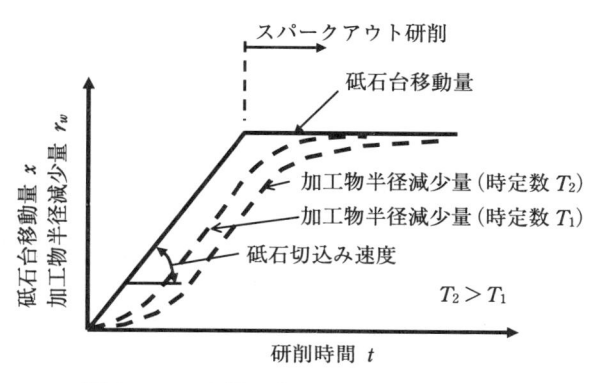

図6.11 一次遅れ系としての研削プロセス

図6.11から，機械系の剛性が低いとスパークアウト研削に要する時間が長くなることがまず指摘される．また，もしもスパークアウト研削を行わないで一定時間後に研削を終了する場合を想定すると，時定数が大きいほど，すなわち機械系の剛性が低いほど切残し量が増大して寸法誤差が大きくなる．さらに，研削終了時おける実際の加工物半径減少速度が異なることは，加工面粗さにも違いを生じさせるであろう．

実際の研削においては，時間の経過に伴って砥石の切れ味が変化し，比研削エネルギーおよび比例定数 κ が変化する．これは，時定数の変化を引き起こし，研削結果に影響を及ぼす．

以上述べたように，研削プロセスの時定数は極力小さいことが望ましい．そのためには，機械系の静剛性を大きく保つことが必要となる．研削時定数は，式(6.28)から明らかなように研削プロセスと機械剛性の相互作用で決定されるのである．

(3) 遊離砥粒加工の場合

図4.11に示した遊離砥粒加工システムは，これまで述べてきた加工システムとはプロセスと工作機械との相互作用が異なる．遊離砥粒加工においては，錘によって加工圧力が与えられて材料除去が進行する．すなわち，図6.12に示すように，切削・研削加工プロセスが切込みを入力としているのに対して，遊離砥粒加工では圧力が入力となっている．したがって，プロセスから生ずる力が

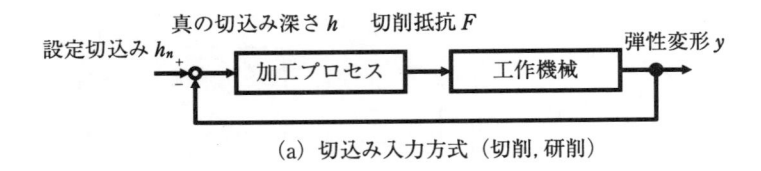

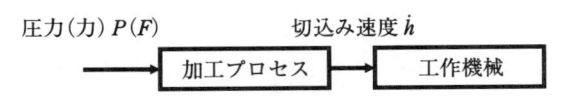

図6.12 (a) 切込み入力方式（切削,研削）: 設定切込み h_n → 真の切込み深さ h → 加工プロセス → 切削抵抗 F → 工作機械 → 弾性変形 y

(b) 圧力入力方式（ラッピング,ポリッシング）: 圧力(力) $P(F)$ → 加工プロセス → 切込み速度 $\dot{h}$ → 工作機械

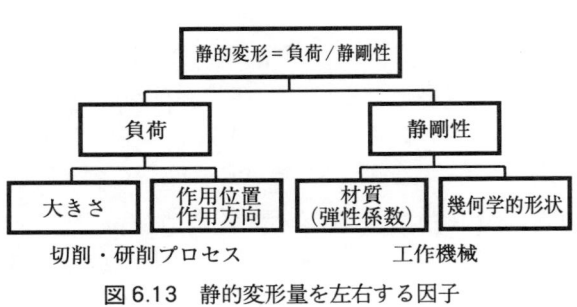

図6.12 2種類の除去加工方式

図6.13 静的変形量を左右する因子

静的変形＝負荷/静剛性
- 負荷（切削・研削プロセス）: 大きさ／作用位置・作用方向
- 静剛性（工作機械）: 材質（弾性係数）／幾何学的形状

工作機械に作用するという相互作用は存在せず，力と変位を介しての閉回路は構成されない．加工物の形状精度は，補助工具であるラップ盤の形状精度に依存することになる．

（4）加工誤差低減の指針

設定切込み深さと真の切込み深さの差によって生ずる加工誤差を低減するには，機械系の剛性と加工プロセスの両方に注意を払わなくてはならない．加工に伴って生ずる切削力による機械系の弾性変形を低減するためには，図6.13にまとめるように，機械系の剛性向上に対しては，構造設計と材料の選択が適切に行われることが必要で，加工プロセスに関しては切削力を小さくする加工条件を設定し，かつその作用方向にも配慮することが必要である．すなわち，加工面に垂直方向の切削力成分を小さくする工具切れ刃形状を選定することが必要となる．

6.3 熱と変位を介しての相互作用

工作機械の熱変形は，加工部品の寸法と形状精度を低下させる主要な原因の一つである．工作機械の構造材料として多用される鋳鉄や鋼を例にとると，そ

の熱膨張係数は 10×10^{-6} [1/℃] のオーダであるから，1 m の長さを持つ構造要素は 1 ℃ の温度上昇で約 10 μm もの変形を生ずる．高精度加工を要求される工作機械にとって，その熱変形は大きな障害である．

6.3.1 変形の原因となる熱源

工作機械に熱変形を生じさせる熱源は，図 6.14 に示すように，

(1) 機械が設置されている環境温度の変化（外部熱源），

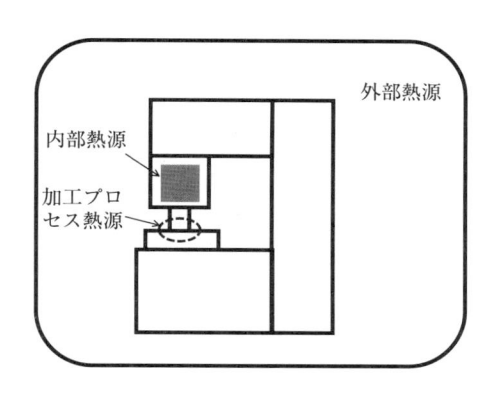

図 6.14 工作機械熱変形の原因

(2) 工作機械の電動機，油圧装置，軸受などの摺動部（内部熱源），
(3) そして加工プロセスで発生する熱

に分類することができる．加工プロセスから発生する熱は，図 3.14 に示したように加工物，工具，切りくず，そして切削液に伝導，伝達する．加工物や工具に伝導した熱は，これらを熱膨張させるため，過大な切込みを生じて寸法誤差を発生させる．最も多くの割合の熱が切りくずに持ち去られるが，切りくずは工作機械のテーブルやベッドに堆積して大きな熱変形を引き起こす．切削液も，その温度が工作機械本体のそれと異なると，やはり大きな熱変形の発生原因となる．熱変形抑制のために，温度の制御や循環の経路に特別な配慮が必要である．

環境への配慮から，切削液の供給を減らすことや乾式切削への移行が試みられているが，このとき流体の流れによる切りくずの排除が困難となってテーブルやベッド上に堆積した切りくずが熱変形の原因となる．

6.3.2 熱剛性と熱時定数

工作機械構造部材の代表寸法を L，熱膨張係数を α とすると，温度上昇 $\varDelta\vartheta$ による変形量 $\varDelta L$ は

$$\varDelta L = \alpha \varDelta\vartheta L \tag{6.29}$$

である．単位長さの変形を生ずるに必要な温度上昇を定義し，これを力による

変形を考えた場合と同様に熱剛性と呼ぶことにする．式 (6.29) のような簡単な変形の場合，熱剛性 k_{th} は

$$k_{th} = \frac{\Delta \vartheta}{\Delta L} = \frac{1}{\alpha L} \tag{6.30}$$

となる．実際の工作機械構造において問題となる熱剛性は，工具と加工物間の変形，特に加工面に垂直方向に対するものである．

工作機械構造の変形は時間の関数でもある．ある構造部材が置かれている周囲温度が階段状に $\Delta \vartheta$ 上昇したとき，部材の温度上昇 $\vartheta(t)$ は一次遅れ系の挙動を示し

$$\vartheta(t) = \Delta \vartheta (1 - e^{-t/T}) \tag{6.31}$$

となる．ここで，T は時定数で，

$$T = \frac{\rho c V}{\alpha S} \tag{6.32}$$

である．ここで，ρ は密度，c は比熱，V は体積，α は熱伝達率，S は表面積であり，部材に関する定数である．時定数は構造部材の材質，寸法と形状，そして熱伝達率によって異なってくる．時定数が小さければ，周囲温度の変化による変形の応答速度は速い．熱伝導による部材の温度変化もその熱容量 ($\rho c V$) の関数で，熱容量が大きければ温度変化は緩慢となる．

時定数を小さくして定常変形状態に早く到達するようにするか，時定数を大きくして周囲温度の変化や熱伝導に対する応答を鈍感にするかは，工作機械を設計する際にその大きさ，作業状況，環境条件を考慮して決定する必要がある．

6.3.3 熱変形の抑制対策

熱変形の抑制対策を考えるうえで，工作機械に熱が流入して変形が生じ，加工誤差を生ずるまでの経緯を整理することが有効である．図 6.15 に示す過程のどこかでその流れを遮断することができればよい．まずは，環境温度の制御，内部熱源の隔離，断熱，冷却，そして切りくず排除などによって工作機械に流入する熱量を抑制する．しかし，これらの影響を完全に排除することは困難な場合が多く，工作機械の設計において対策を講じておく必要がある．

具体的な対策としては，工作機械構造材料の選択と構造様式の最適化が考えられる．熱膨張係数が 0 に近い構造材料，たとえば super invar (63 Fe - 32 Ni -

6.3 熱と変位を介しての相互作用

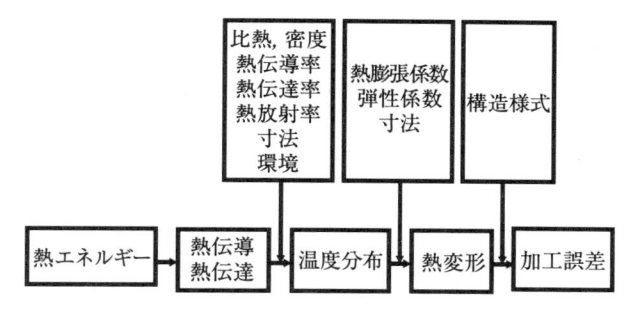

図6.15 熱変形に影響を及ぼす因子

5Co)などを全構造部材に使用すれば，その熱膨張係数は $\pm 0.1 \times 10^{-6}$ なので，構造内に如何なる温度変化があっても変形は無視できる程度に小さい．しかし，費用の点で現実的ではない．

熱変形の抑制を図るための工作機械構造を考えるうえで，熱剛性と時定数の考慮が重要である．図6.16において，工具側（コラム，主軸頭）の時定数を T_1，加工物側の時定数を T_2 とする．周囲の温度が $\Delta\theta$ だけ上昇したとき〔図6.16 (b)〕，$T_2 < T_1$ であると，加工物側の方が早く定常変形状態に達する．熱変形が起こる前の加工物のある点Aと工具の先端位置Bのベッド上面からの高さが L で等しく，かつ全構造部材の熱膨張係数が等しいとすると，式(6.30)から両者の熱剛性は等しいので，十分に時間が経過した後では温度上昇による変形量は等しく，AB間には y 方向における相対変位はない．しかし，定常状態に至る途中では，時定数の違いによって相対変異が生ずることに注意が必要である〔図6.16 (c)〕．

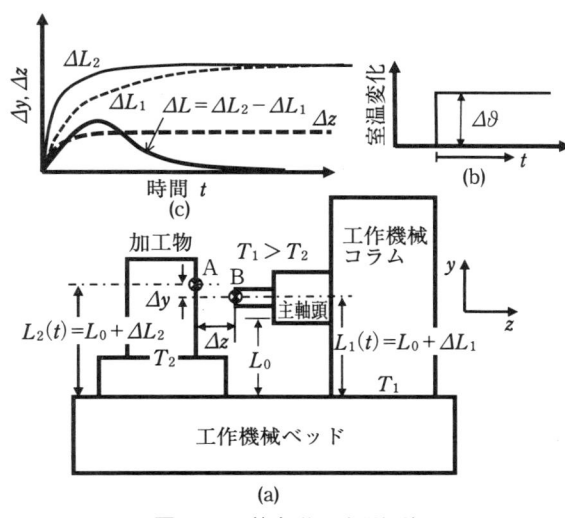

図6.16 熱変形の時間経緯

工作機械構造の設計において，熱剛性を大きくし，かつ時定数の違いによる変形が生じないようにする配慮が必要である．工具と加工物間に生ずる相対位置誤差は，数値制御の指令値修正である程度補正が可能である．しかし，熱変形によって生ずる姿勢変化，たとえば主軸の傾斜などは補正が困難である．図6.17に示すようなコラムの曲げ変形を抑制してx方向の変形を避けるには，工作機械構造を熱的に対称なものとすることが有効である．

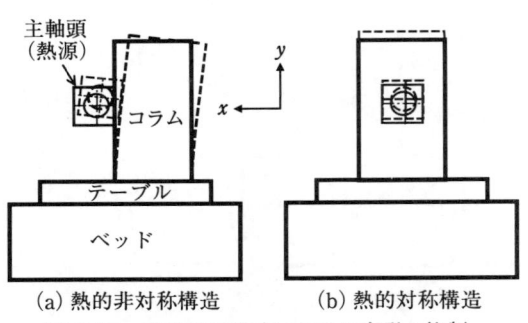

図6.17 熱的対称構造における変形の抑制
(a) 熱的非対称構造　(b) 熱的対称構造

工作機械の熱変形量を計測し，これを修正する制御も原理的には可能であるが，実作業中での変位計測には多くの困難がつきまとう．これに対して，機械構造の温度を測定することは比較的容易である．そこで，あらかじめ構造内各部の温度分布と変形との間の関係を求めておき，作業中の温度の計測値を通して変形量を予測して補正する方法は実際的である．

参考文献

1) M. Weck : Werkzeugmaschinen, Fertigungsssyteme 2 Konstruktion und Berechnung, Springer (1997) p. 151.
2) F. Königsberger : Design Principles of Metal-Cutting Machine Tools, A Pergamon Press Book (1964) p. 53.
3) E. Saljé : Elemente der spanenden Werkzeugmaschinen, Carl Hanser Verlag München (1968) p. 85.
4) 文献3), p. 65.

第7章 機械加工プロセスと工作機械の相互作用（2）動的相互作用

7.1 機械加工における振動：強制振動と自励振動

　加工精度と能率を高めるために，工作機械は加工中に振動，すなわちびびり（chatter）を発生してはならない．びびりの発生は，形状精度の劣化と表面粗さの悪化のみならず，工具の損傷をも加速する．さらに多くの場合，振動を抑制するために加工能率を低く抑えなければならなくなる．

　工作機械に発生する振動は，図7.1に示すように，その原因から強制振動（forced vibration）と自励振動（self-exited vibration）とに分類することができる．強制振動は，構造物を励振する振動源があって，これによって工作機械構造が振動している場合である．回転軸の不平衡，工作機械テーブルの運動に伴う衝撃力，床振動などが代表的な強制振動源である．これらの強制振動は，工作機械が運転されれば，加工が行われていなくても発生する．一方，フライス加工などの多刃工具による切削加工においては，断続切削による周期的な切削力の変動が強制振動源となる．この強制振動は，切削が開始されて初めて生ずる．強制振動は，その励振振動数が工作機械構造の固有振動数に近づき，共振状態になると，その悪影響が顕著になる．強制振動の抑制対策は，断続切削による励振力を抑制すること，また工作機械の運転に伴う励振振動源を取り除くことがその基本となる．

　今日の高性能工作機械は主軸の回転に伴う不平衡も少なく，実際の加工において大

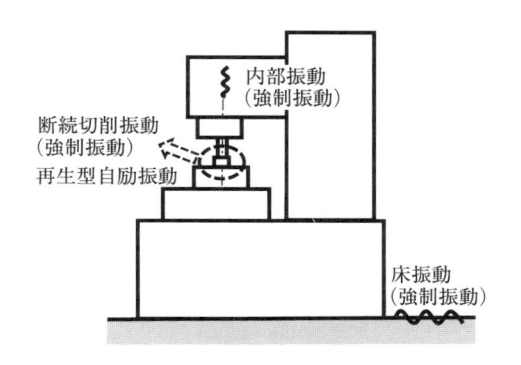

図7.1　工作機械に発生する振動

きな障害となるのは強制振動よりも自励振動である場合が多い．自励振動は，明らかな励振源がないにもかかわらず，加工プロセスと工作機械構造で構成される加工システムが力学的に不安定な状態に陥ったときに生ずる不安定現象である．したがって，その発生と停止は加工条件に影響される．図7.2に示す旋削加工を例にとると，切込み深さを増加させて切削幅 b を次第に増大した場合に，ある限界を超えると突然顕著な振動が発生する現象である．これは，切削条件の変更に

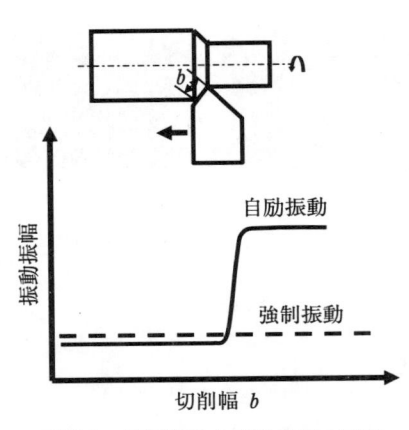

図7.2 強制振動と自励振動の判別

よって機械加工システムが不安定領域に突入したことによるもので，自励振動特有の挙動である．もしも，発生している振動が強制振動であるならば，このような突然の変化は見られない．

　機械構造が自励振動を発生する原因としては幾つかの機構が存在するが，切削，研削プロセスに見られる自励振動の原因としては，後述する再生効果（regenerative effect）がその主要なものであると考えられている．

7.2 工作機械動剛性の測定と表示

7.2.1 測定方法

　機械加工プロセスにおける振動発生原因を明らかにしてその抑制対策を講ずるには，工作機械の振動特性を把握することが必要である．静剛性に対応して動剛性と呼ぶ場合が多いが，実際には剛性の逆数である変形のしやすさを表す動コンプライアンスで評価するのが一般的である．動コンプライアンスの測定は，図7.3に示すように加振機によって工作機械構造を励振し，各周波数における振動振幅と位相の応答を求めるのが基本である[1]．加振機には動電型，油圧型，圧電型などがあり，波形としては正弦波，不規則波が用いられる（図7.4）．前者の場合は，加振周波数を掃引して周波数応答を求める必要がある．短時間に動コンプライアンスを求める方法として，力センサを内蔵したハンマ

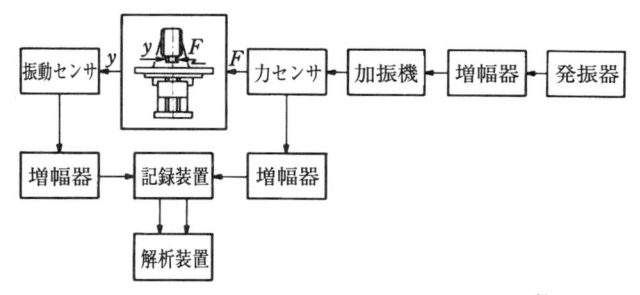

図 7.3 動コンプライアンス測定システムの例 [1]

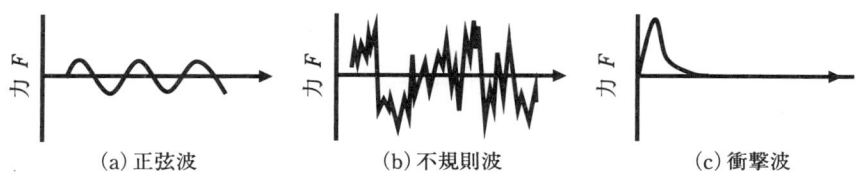

(a) 正弦波 (b) 不規則波 (c) 衝撃波

図 7.4 各種の加振波形

と加速度センサを併用したインパルス応答法が普及している．この場合，入力波形は図 7.4 (c) に示すように衝撃波形である．

入力（力 F）と出力（変位 y）間のゲイン $|G(j\omega)| = |y(j\omega)/F(j\omega)|$ と位相差 $\angle G(j\omega) = \angle y(j\omega)/F(j\omega)$ を図 7.5 のように求めることができる．ゲイ

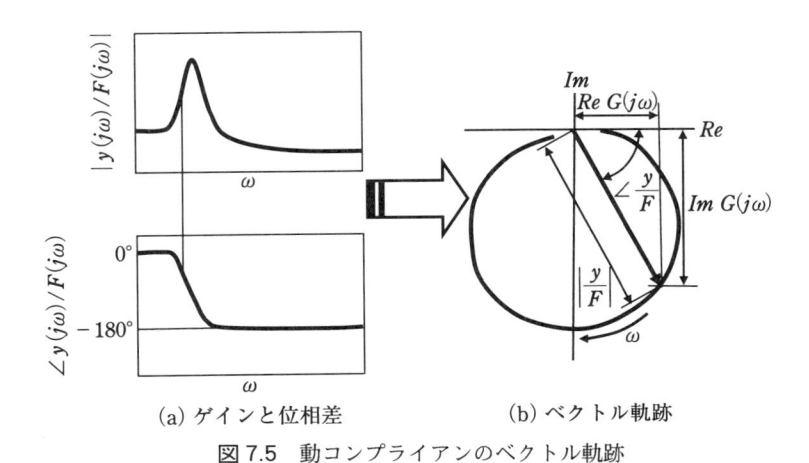

(a) ゲインと位相差 (b) ベクトル軌跡

図 7.5 動コンプライアンのベクトル軌跡

自己動コンプライアンス x_a/F_a
相互動コンプライアンス x_b/F_a, y_a/F_a

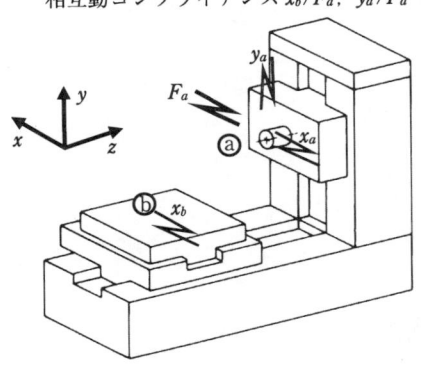

図 7.6　自己動コンプライアンスと相互動コンプライアンス

ンは，いわゆる共振曲線である．構造物の振動特性を把握するには，ゲインだけではなく，位相差も知る必要がある．ゲインと位相を1枚の図で表示したものがベクトル軌跡である．各周波数に対するゲインを原点からの長さで，また位相を横軸との傾きで表すことにすると，動コンプライアンスを各周波数に対するベクトルとして表現することができる．ベクトルの先端部を結んだ曲線がベクトル軌跡で，1本の曲線でゲインと位相を表示することができる．

7.2.2　自己動コンプライアンスと相互動コンプライアンス

構造物の振動応答は，通常は上述した表現で示されるが，これは暗に出力の計測位置と方向が入力の加振位置と方向に一致していることを前提としている．しかし実際には，入力位置や方向とは違う位置と方向での出力が必要になる場合もある．両者が一致している場合，これを自己動コンプライアンス，また異なっている場合を相互動コンプライアンスと呼ぶ．

図7.6において，加振位置ⓐでの入力 F_a と同じ位置，方向での振動出力 x_a との関係が自己動コンプライアンスで，異なった位置ⓑでの応答は相互動コンプライアンスである．入力位置と応答の検出位置が同じでも，方向が異なっていれば (y_a) 相互動コンプライアンスである．

7.3　工作機械振動特性のモデル化

実際の工作機械は分布質量系で多くの自由度を持っているが，ここでは1自由度のモデルを仮定して，その振動特性，すなわち自己動コンプライアンスをベクトル軌跡として表現することを説明する．機械構造の固有振動モードが加工面に垂直方向であると仮定し，図7.7の質量-ばね-減衰要素系を想定すると，その運動方程式は

7.3 工作機械振動特性のモデル化

$$m\ddot{y} + c\dot{y} + ky = F \tag{7.1}$$

となる．固有角振動数を $\omega_n = \sqrt{k/m}$，減衰比を $\zeta = c/2\sqrt{mk}$ とおくと，この振動モデルの周波数応答関数は

$$\frac{y(j\omega)}{F(j\omega)} = \frac{1}{k}G(j\omega) = \frac{1}{k}[Re\,G(j\omega) + Im\,G(j\omega)] \tag{7.2}$$

となる．ここで，振動数比を $u = \omega/\omega_n$ としたとき

$$G(j\omega) = \frac{1}{1-u^2 + j2\zeta u} \tag{7.3}$$

$$Re\,G(j\omega) = \frac{1-u^2}{(1-u^2)^2 + (2\zeta u)^2} \tag{7.4}$$

$$Im(j\omega) = \frac{-2\zeta u}{(1-u^2)^2 + (2\zeta u)^2} \tag{7.5}$$

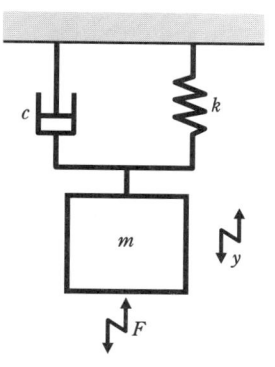

図 7.7　1自由度振動モデル

で，式 (7.2) は動コンプライアンス，式 (7.4) はその実数部，式 (7.5) は虚数部である．動コンプライアンスのゲインは

$$\left|\frac{1}{k}G(j\omega)\right| = \frac{1}{k}\frac{1}{\sqrt{(1-u^2)^2 + (2\zeta u)^2}} \tag{7.6}$$

位相は

$$\angle \frac{1}{k}G(j\omega) = \tan^{-1}\left(\frac{-2\zeta u}{1-u^2}\right) \tag{7.7}$$

で与えられる．

式 (7.6)，(7.7) のゲインと位相を図 7.5 (a)，ベクトル軌跡を図 (b) のように図示することができる．また，ベクトル軌跡図において，横軸成分は動コンプライアンスの実数部〔式 (7.4)〕を，また縦軸成分は虚数部〔式 (7.5)〕を表すことにもなる．

$u=1$ の共振時に位相差は $90°$ となるので，その振幅は虚軸との交点になり，共振振幅の大きさは

$$\frac{y}{F} = \frac{1}{2k\zeta} \tag{7.8}$$

である．共振振幅を小さく抑えるには，静剛性の増大だけではなく減衰性の増

大も重要である．

　機械構造物の運動の自由度は，三つの並進運動と三つの回転運動で合計6であるが，このうち並進運動だけに着目しても，構造内のある点において3個の自己動コンプライアンスと6個の相互動コンプライアンスが考えられる（図7.6）．並進運動に関する構造物の動コンプライアンスの全容を把握するには，9個の動コンプライアンスを知らなければならない．すなわち，x, y, z の直角座標系において，

$$\begin{bmatrix} x \\ y \\ z \end{bmatrix} = \begin{bmatrix} \left(\dfrac{G(j\omega)}{k}\right)_{xx} & \left(\dfrac{G(j\omega)}{k}\right)_{yx} & \left(\dfrac{G(j\omega)}{k}\right)_{zx} \\ \left(\dfrac{G(j\omega)}{k}\right)_{xy} & \left(\dfrac{G(j\omega)}{k}\right)_{yy} & \left(\dfrac{G(j\omega)}{k}\right)_{zy} \\ \left(\dfrac{G(j\omega)}{k}\right)_{xz} & \left(\dfrac{G(j\omega)}{k}\right)_{yz} & \left(\dfrac{G(j\omega)}{k}\right)_{zz} \end{bmatrix} \begin{bmatrix} F_x \\ F_y \\ F_z \end{bmatrix} \tag{7.9}$$

である．ここで，たとえば添字 yx は入力が x 方向であるときの y 方向の応答を意味している．振動振幅が小さくて線形の仮定が成り立つ範囲では，入力と出力の位置と方向を入れ換えたとき，両者の相互動コンプライアンスは等しいというマクスウェル（Maxwell）の相反定理が存在する．すなわち，

$$\left.\begin{array}{l} \left(\dfrac{G(j\omega)}{k}\right)_{xy} = \left(\dfrac{G(j\omega)}{k}\right)_{yx} \\ \left(\dfrac{G(j\omega)}{k}\right)_{yz} = \left(\dfrac{G(j\omega)}{k}\right)_{zy} \\ \left(\dfrac{G(j\omega)}{k}\right)_{zx} = \left(\dfrac{G(j\omega)}{k}\right)_{xz} \end{array}\right\} \tag{7.10}$$

である．したがって，実際には三つの自己動コンプライアンスと三つの相互動コンプライアンスを測定すれば，機械構造物の並進運動に関する三次元的な振動特性を把握できたことになる．

　図7.8は，立軸フライス盤の6個の動コンプライアンスを測定した例である[2]．相互動コンプライアンスに関して，式（7.10）がほぼ成立していることを見てとれる．

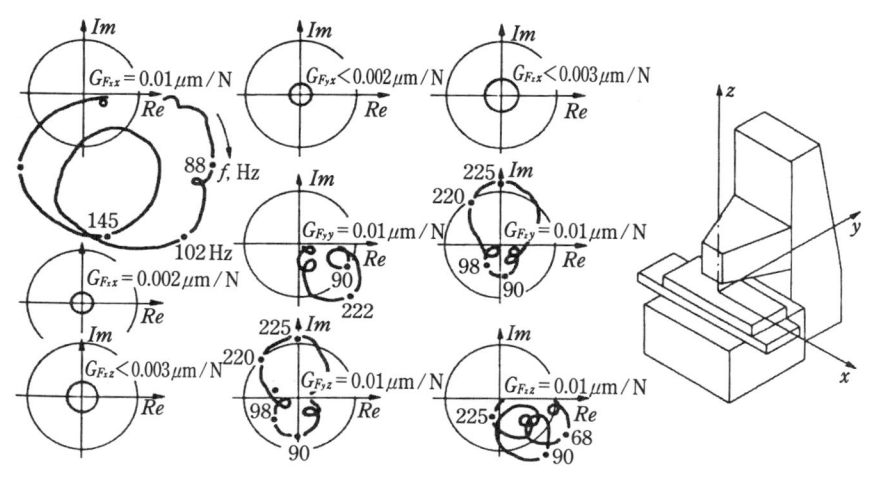

図7.8 相互動コンプライアンスの測定例[2)]

7.4 切削における再生型自励振動

7.4.1 加工上の障害

　図7.2と同様な切削状況を想定し，加工物の回転数と切削幅を変数として切削条件を変化させ，自励振動発生に対する安定限界を示したのが図7.9である．加工物回転数に対して安定限界は複雑な挙動を示すが，加工物回転数 N を一定に保って切削幅 b を変化させた場合には，ある限界値を超えると不安定振動が発生する．ただし，その限界値は加工物回転数によって大きく異なってくる．

　自励振動の発生が加工精度に悪影響を及ぼすことは明らかであるが，加工能率を高めようとして切込み深さを増大させると不安定振動が発生するため，加

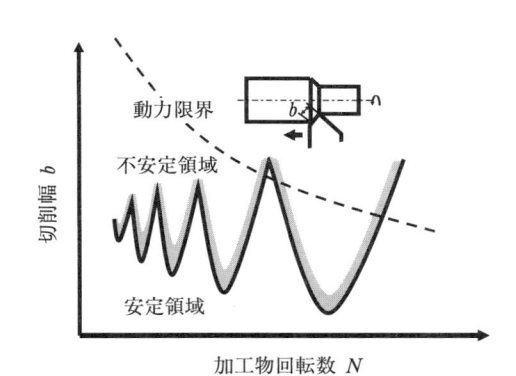

図7.9 安定限界線図

工能率も低く設定せざるをえないことも大きな障害である．同図には，主軸駆動モータの動力限界線も併記してあるが，振動発生を回避して安定領域で切削するために，工作機械に搭載されたモータ動力を有効に利用することができない．

7.4.2 再生効果

再生効果が最も顕著に現れる切削加工様式は，図7.10に示す突切り加工である．この場合，切削工具は加工物の半径方向に送られ，加工物外周には工具切れ刃幅と等しい溝が形成される．すなわち，工具切れ刃は1回転前の加工物表面を繰返し切削することになり，1回転前の切削において加工物表面に残された外乱の影響を受ける．加工物1回転前の影響が今回の切削において切込み深さの変動として現れるという意味で，この現象を再生効果と呼んでいる．

切削中に生ずるであろう外乱としては，微小な強制振動，加工物材の局所的硬度変動による切削抵抗の瞬間的な変動などが考えられる．簡単化のために，これら外乱によって振動する部分は，図7.10に示すように工具系だけであるとし，これを加工面法線方向に固有振動モードを持つ1自由度の質量-ばね-減衰要素系と仮定する．また，外乱によって生ずる振動と，これによって加工物表面に残されるうねりを正弦波状とみなす．加工物1回転前の振動で残されたうねりと，今回切削中の振動の間には，振動数と加工物回転周期によって決まる位相のずれが存在する．代表的な例として，位相のずれ ϕ が $0°$，$\pm 180°$，$+90°$，$-90°$ の場合を考える（図7.11）．

法線方向切削抵抗が切削厚みに比例するという最も簡単な切削モデル〔式(6.10)〕を採用すると，図7.11に示すように工具系の振動 y に伴う切削抵抗の変動 F を描くことができる．加工物の回転周期を T とすると，1回転前の振動 $y(t-T)$ と，今回の振動 $y(t)$ の差が動的な切削厚みであるから，これに切削剛性 k_c を乗ずれば動的な切削抵抗変動を求め

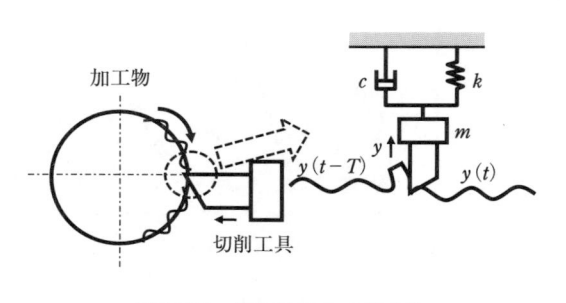

図7.10　再生効果のモデル化

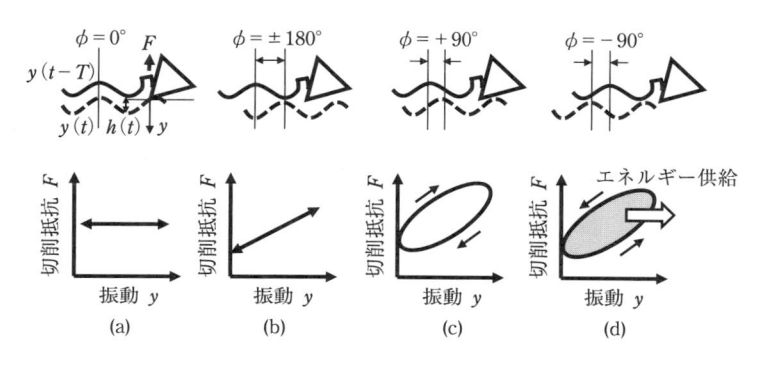

図 7.11　再生型自励振動の物理的解釈

ることができる．位相差が0°の場合は，振動が存在しても切削厚みの変動はないから切削抵抗に変化はない．したがって，工具が加工物に切り込む半周期と，後退する半周期での仕事量の差は0，すなわちこの1周期で機械系と切削プロセス間のエネルギー授受は相殺される．位相差が180°の場合は切削抵抗の変動は生ずるが，前後半周期の軌跡が重なるので，1周期内での仕事量はやはり差し引き0となる．位相差が+90°の場合は，前後半周期の仕事量は異なるが，工具が加工物に切り込む際に機械系が切削プロセスにする仕事量の方が大きく，エネルギーは切削プロセスで消費される．

以上の3例の場合は，機械系に継続的にエネルギーが流入しないので機械加工システムは安定である．一方，位相差が−90°の場合は，図7.11 (d) のように機械系がプロセスから受ける仕事量の方が大きくなり，これが機械系の減衰によるエネルギー消費能力を超えると，機械構造に生じた振動は次第に成長する．すなわち，機械加工システムは不安定になる．振動振幅は次第に増大するが，切込み深さを超えると工具と加工物の接触が失われるので，一定の振動振幅に収束する．以上が，再生効果に基づく不安定現象の物理的解釈である．

7.4.3　方位係数

工作機械の振動問題を扱う際には，振動の方向に注目することが重要である．なぜなら，切削厚みを変動させる方向の振動成分が加工面にうねりを形成し，再生効果を引き起こすからである．また，変動切削力が作用する方向は加工条件によって異なり，加えて工作機械構造はある特定な方向にその固有振動

図7.12 方位係数

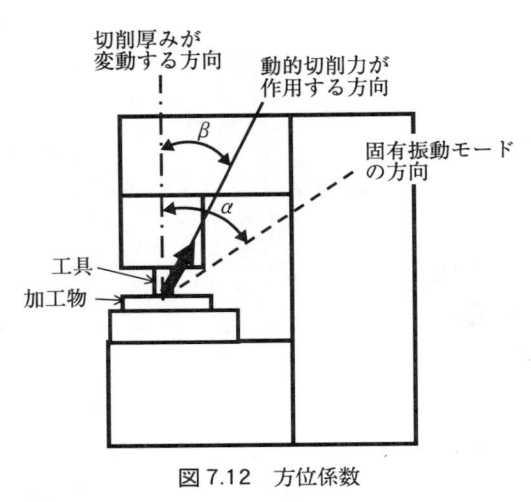

モードを持っているからである．そこで，簡単な1自由度系を想定して，これらの方向を考慮に入れた相互動コンプライアンスを求める．

切削厚みが変化する方向に対して，機械構造の固有振動モードの方向をα，また動的な切削抵抗が作用する方向をβとすると，励振点における入力（変動切削力）と出力（切削厚みが変化する方向の振動応答）間の相互コンプライアンスは

$$\frac{y(j\omega)}{F(j\omega)} = \frac{g}{k} G(j\omega) \tag{7.11}$$

$$g = \cos(\alpha - \beta)\cos\alpha \tag{7.12}$$

である．ここで，gを方位係数（directional factor）と名づける（図7.12）．方位係数を減少させる構造設計は，静剛性kを増大させるのと同じ効果を持つことが式（7.11）からわかる．

方位係数は切削条件によって異なってくる．切削加工を例にすると，図3.10で示したように，切りくず流出方向と合切削抵抗の方向が一致するものとすると，コルウェル（Colwell）の近似で示したように，合切削抵抗の方向βは工具刃先形状，切込み深さ，送りによって異なるからである．方位係数の導出に当たっては，工具と加工物の相互干渉の状態を把握しておくことが必要である．

7.4.4 重複係数

二次元切削における切削厚みと切削抵抗の関係式（6.10），（6.11）によって切削プロセスをモデル化する．すなわち，切削抵抗は切削厚みhに比例するという静的なモデルである．ここで，

$$k_c = b\tau_{cr}(\cot\phi \tan\phi - 1) \tag{7.13}$$

は剛性の次元を持っているので，切削剛性と呼ぶことは6.2.3（1）項で述べた．

式 (7.13) で与えた切削剛性は振動数を含んでいないが，実際の動的切削状態のもとでは振動数の影響も受けると考えられており，加工面に垂直方向の振動速度に比例して変動切削抵抗が増大する減衰作用の存在が指摘されている．これは，工具切刃逃げ面と加工面間の相互干渉の影響であると考えられている．

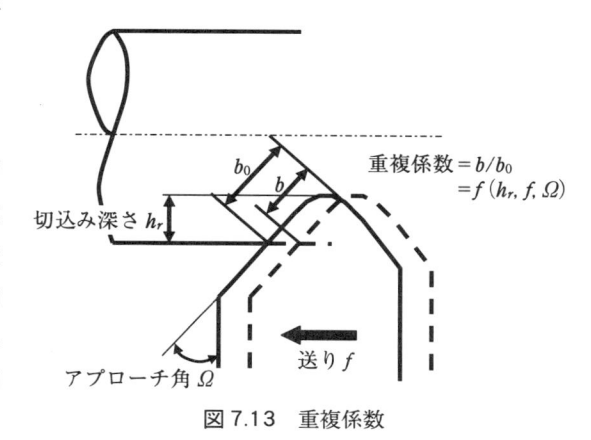

図 7.13　重複係数

代表的な旋削作業として，図7.13のような準二次元切削を想定する．図7.10に示した突切り加工とは異なり，1回転前に切削した加工物表面を完全に重複して切削することにはならない．工具切れ刃が重複して切削する部分を考慮するために，重複係数 (overlap factor) を

$$\mu = \frac{b}{b_0} \tag{7.14}$$

で定義する．突切り加工の場合は $\mu = 1$ で，ねじ切り加工の場合には $\mu = 0$ である．通常の旋削加工では，$0 < \mu < 1$ で，切込み深さ h_r，送り f，工具アプローチ角 Ω の関数である．この係数を再生効果の強さを表す量として自励振動の安定解析に取り入れる．

7.4.5　安定解析
（1）安定限界式の導出[3]

旋削加工において，切削工具が加工物1回転前に形成されたうねりの表面を振動しながら切削する動的な状況を，図7.14の切削プロセス[3]，工作機械系，そして再生効果の3要素で構成されるブロック線図で表現することができる．一次フィードバック回路は，機械系弾性変形による切残しを表している．再生フィードバックは，この切残しが加工物1回転後に切込み深さの増加となることを表している．

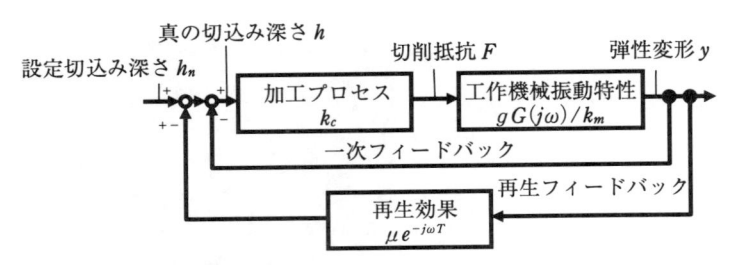

図 7.14 動的切削加工プロセス（g：方位係数，μ：重複係数，T：加工物回転周期）[3]

図7.14の関係を表すのが次の3式である．切削厚みが変化する方向の切削抵抗変動成分 $F(t)$ を切削厚みの変動成分 $h(t)$ と切削剛性 k_c の積として

$$F(t) = k_c h(t) \tag{7.15}$$

で与える．次に，この切削抵抗によって機械系に生ずる振動の応答 $y(t)$ を

$$y(t) = \frac{g}{k_m} G(j\omega) F(t) \tag{7.16}$$

とする．切削厚みの変動 $h(t)$ は，設定切削厚み $h_n(t)$ から弾性たわみ $y(t)$ を引き，加工物1回転前の切残し $y(t-T)$ を加えて

$$h(t) = h_n(t) - y(t) + \mu y(t-T) \tag{7.17}$$

である．ここで，μ は重複係数で，再生効果の程度を考慮するために導入されている．

これら時間領域で表現された式をラプラス変換すると

$$F(s) = k_c h(s) \tag{7.18}$$

$$y(s) = \frac{g}{k_m} G(s) F(s) \tag{7.19}$$

$$h(s) = h_n(s) - y(s) + \mu e^{-Ts} y(s) \tag{7.20}$$

となる．上の3式から，動的切削プロセスの切込み深さに関する総合伝達関数を

$$\frac{h(s)}{h_n(s)} = \frac{1}{1 + (1 - \mu e^{-Ts})\dfrac{g k_c}{k_m} G(s)} \tag{7.21}$$

と求めることができる．したがって，この系の特性方程式は分母を0とおいて

$$1+(1-\mu e^{-Ts})\frac{gk_c}{k_m}G(s)=0 \tag{7.22}$$

となる.ここで,系が安定であるためには,式(7.22)のすべての複素根 $s=\sigma+j\omega$ の実数部 σ は負でなければならない.したがって,安定限界においては $\sigma=0$ であるとして式(7.22)に $s=j\omega$ を代入すると

$$\frac{gk_c}{k_m}G(j\omega)=\frac{-1}{1-\mu e^{-j\omega T}} \tag{7.23}$$

振動数を f, 加工物の毎秒回転数を N とすると

$$\omega T=2\pi fT=2\pi\frac{f}{N}=2\pi(n+\nu) \tag{7.24}$$

ただし,

$$n=0,1,2,3,\cdots,\quad 0\leq\nu\leq 1$$

また,

$$e^{-j2\pi(n+\nu)}=e^{-j2\pi\nu}$$

なる関係を用いると,安定限界を与える式を無次元化した形式で,次のように求めることができる.

$$\frac{gk_c}{k_m}G(j\omega)=\frac{-1}{1-\mu e^{-j2\pi\nu}} \tag{7.25}$$

(2) 安定限界の図式解

式(7.25)に基づいて安定限界を複素平面上で図式的に求めることができる[3)]. 式の左辺は切削剛性と機械系動コンプライアンスとの比で,複素平面上でベクトル軌跡として振動数の関数で描かれる.一方,右辺は振動数と加工物回転数の比の端数 ν と重複係数 μ との関数として描くことができる.重複係数 μ が一定の軌跡は

$$\left(x+\frac{1}{1-\mu^2}\right)^2+y^2=\left(x+\frac{\mu}{1-\mu^2}\right)^2 \tag{7.26}$$

となり,図7.15のように複素平面上 (x,jy) で中心が $-1/(1-\mu^2)+j0$, 半径 $\mu/(1-\mu^2)$ の円となる.再生効果が最も大きい $\mu=1$ の場合は虚軸に平行で -0.5 離れた直線となる.

機械系の固有振動数 f_n を 30 Hz, 減衰比 ζ を 0.05, 重複係数を 1 と仮定して

最も再生効果が大きいときの左辺と右辺を複素平面上に描いたのが図 7.16 である[3]．式 (7.23) 左辺のベクトル軌跡は，gk_c/k_m を変数としてこの値が 0.105 と 0.20 の場合に対して描かれている．左辺と右辺の軌跡の交点が安定限界である．したがって，gk_c/k_m が小さい領域では両軌跡は交差せず，加工系は安定である．また，重複係数が小さい加工条件においては，図 7.15 からわかるように両軌跡は交差しにくくなり，加工系の安定性は高まることがわかる．

$f/N = n + \nu$ ($n = 0, 1, 2, 3, \cdots$) なる関係を用い，図 7.16 に示した両軌跡の交点における振動数と端数 ν から表 7.1 を求めることができる．

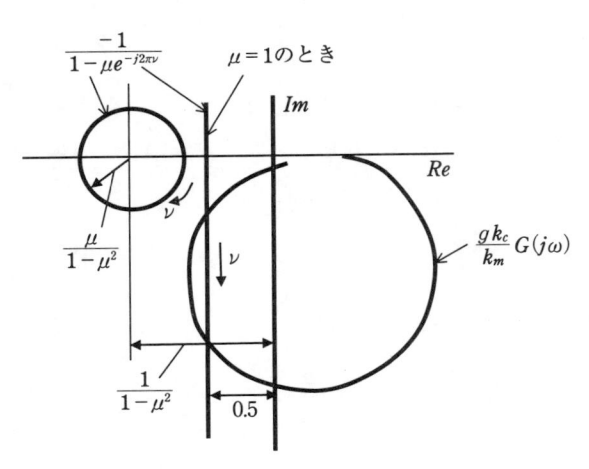

図 7.15 式 (7.25) の複素平面上での表示

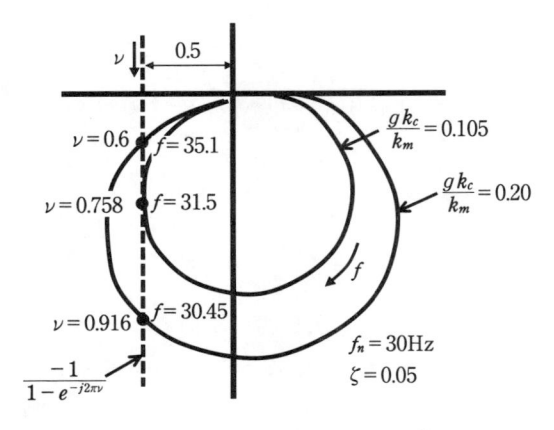

図 7.16 安定限界の図式解法[3]

表は，再生型自励振動が発生する加工物の毎秒回転数 N を $n = 0, 1, 2, 3, 4$ に対して示したものである[3]．

図 7.17 は，加工物回転数 N を横軸に，また剛性比 gk_c/k_m を縦軸にとって描いた安定限界線図である．各回転数に対して求めた安定限界剛性比を結ぶことによって求めたもので，図 7.9 に示したこぶ状の安定限界線が描かれている．図 7.9 の縦軸は切削幅であるが，切削剛性は式 (7.13) からわかるように切削幅 b に比例するので，両図は同じ内容を示している．図 7.9 と異なるのは，低速回

7.4 切削における再生型自励振動

表 7.1 安定限界における加工物毎秒回転数[3]

gk_c/k_m	f	ν	$n=0$	$n=1$	$n=2$	$n=3$	$n=4$
0.105	31.5	0.758	42.4	18.1	11.5	8.42	6.65
0.12	30.8	0.843	36.5	16.7	10.85	8.0	6.36
	32.62	0.67	48.7	19.5	12.2	8.89	6.98
0.15	30.56	0.884	34.5	16.2	10.6	7.86	6.25
	33.65	0.63	53.4	20.65	12.8	9.26	7.28
0.20	30.45	0.916	33.2	15.9	10.43	7.77	6.20
	35.1	0.6	58.8	22.0	13.5	9.75	7.63

$1/T = N = f/(n+\nu)$

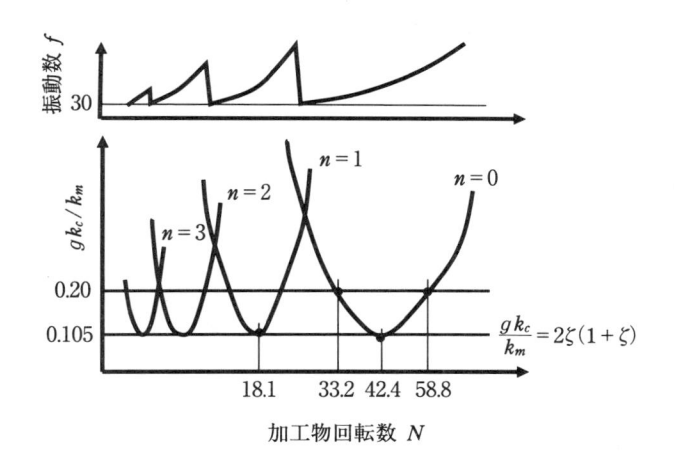

図 7.17 安定限界線図

転数領域での安定性の増大が見られずに，こぶの先端を結ぶ横軸に平行な直線となることである．すなわち，$n=0,1,2,\cdots$ に対する限界剛性比の最小値は一定値となっている．この違いは，加工物回転数が低下するに従って加工表面に形成されるうねりの波長が短くなり，工具逃げ面と加工物表面との干渉が顕著になって減衰効果が生まれることを考慮に入れていないためと考えられる．

切削剛性 k_c は，その定義式 (7.13) から明らかなように切削幅 b に比例するので，切込み深さの増大による切削幅の増加によって加工系は不安定領域に入

ること，また機械系の静剛性 k_m の低下によって不安定となること，さらに一定の剛性比のもとでも加工系の安定性は加工物回転数に依存することなど，上述した解析結果は実際の現象をよく表現できている．また，表7.1から再生型自励振動の振動数は，機械系の固有振動数より幾分か高いことがわかる．

（3）簡略化された安定限界式

図7.15から，重複係数 $\mu = 1$ においては，動コンプライアンス比の軌跡の実数部最小値が -0.5 より大きければ，両軌跡は交差することがなく，加工系は如何なる加工物回転数に対しても安定であることがわかる．すなわち，

$$\frac{g k_c}{k_m} Re[G(j\omega)]_{min} > -0.5 \tag{7.27}$$

が絶対安定領域である．この条件は，動コンプライアンス比の実数部最小値（最大負実部）を与える条件

$$\frac{dRe[G(j\omega)]}{d\omega} = 0$$

から求めることができる．その結果は

$$Re[G(j\omega)]_{min} = \frac{-1}{4\zeta(1+\zeta)} \tag{7.28}$$

なので，如何なる加工物回転数に対しても安定となる限界は，

$$\frac{g k_c}{k_m} < 2\zeta(1+\zeta) \tag{7.29}$$

となる．式 (7.29) で与えられる領域は，図7.17のこぶ状安定限界の谷底を結んだ直線の下側である．式 (7.29) は，機械系の静剛性と減衰比の増大，そして方位係数の減少が安定性を高めるうえで重要であることを示している簡便で実用的な結果である．

図7.17に示したように，特定な回転数において安定領域が増大するのであるが，この領域を事前に的確に知ることは実際には難しい．なぜなら，加工中の工作機械の姿勢，運転時間などによって機械構造の剛性や減衰は変化するからである．このような意味から，式 (7.29) で与えられる絶対安定領域は実用的で有用である．

（4）方位係数の影響

方位係数 g は安定性の高い工作機械の設計，工具刃先形状と切削条件の選定を行ううえで重要である．式(7.12)に見られるように，この変数の中には機械構造と切削プロセスに関係した量が包含されており，まさに機械系とプロセスの相互作用を考えることの重要性を示す変数である．

絶対安定領域を与える式(7.29)を書き換えると，安定限界切削幅 b_{cr} は

$$b_{cr} < \frac{k_m}{g k_c} 2\zeta(1+\zeta) \tag{7.30}$$

ただし，

$$k_c = b \overline{k_c} \tag{7.31}$$

で，$\overline{k_c}$ は単切削幅当たりの切削剛性である．

動的切削抵抗の作用方向 β を一定とし，切削厚み変動の方向を $\alpha = 0°$ として1自由度振動系の固有振動モードの方向 α を変化させたときの安定限界切削幅を定性的に描いたのが図7.18である．$\alpha = 90°$，$\alpha = \beta + 90°$ において，方位係数 $g = \cos(\alpha - \beta)\cos\alpha$ は0となり，無限大の安定性が得られることになる．$\alpha = 90°$ は，機械構造の固有振動モードの方向が切削厚みの変動方向と直角であることを意味しているので，切削厚みに変化を生ずる振動成分はなく，再生効果は存在しないことになる．$\alpha = \beta + 90°$ は，励振力が作用する方向と機械構造の固有振動モードの方向が90°ずれていることを意味しているので，構造は励振されない．実際の工作機械構造はこの例のような1自由度振動系ではなく，多自由度系であるためにこのような無限大の安定性は達成されないが，安定領域の拡大を図るうえで有効な視点である．静剛性の増大を図るには，機械構造の断面二次モーメントを高める必要があって，必然的に大型化と大重量化

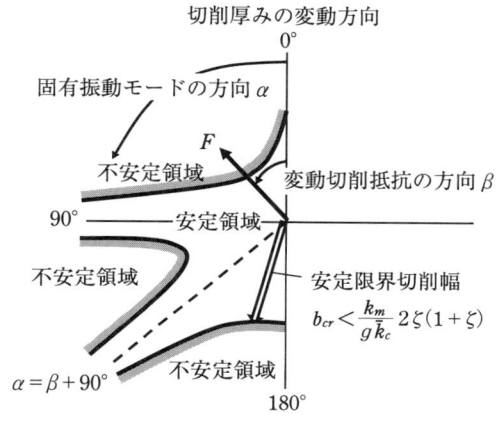

図 7.18　安定性に及ぼす方位係数の影響

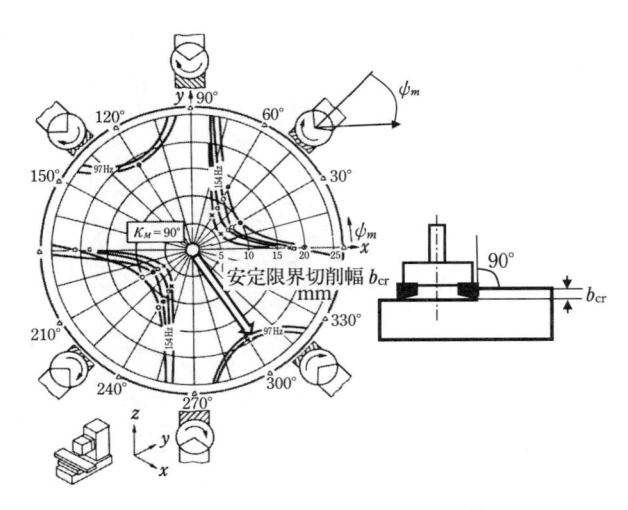

図7.19 安定限界切削幅の異方性[4]

につながるのに対し，方位係数を適切に設定すれば，このような傾向をある程度避けることが可能となる．

フライス加工のように，加工物と工具の干渉状態が種々に変化する場合には，変動切削力の方向が変化するので安定限界も大きく変化する．図7.19は，縦軸フライス盤での加工における安定限界切削幅を示したものである[4]．工具と加工物の干渉方向角度 ϕ_m によって，円グラフの中心からの距離で示した安定限界切削幅 b_{cr} は大きく異なっている．また，上向き切削と下向き切削の違いも方位係数に影響を持ち，安定性に影響する．

7.5 研削加工における振動

7.5.1 強制振動と自励振動

研削中に発生する振動による加工面の形状劣化や粗さの劣化は，要求される加工精度が高いために切削の場合よりも深刻な問題となる．研削加工中に発生する振動もその原因によって強制振動と自励振動の二つに分類される（図7.20）．強制振動は，さらに研削盤の内部から発生する振動と外部から伝達してくる床振動に分類される．内部振動としては，砥石の不平衡によるものが最も問題となる．内面研削盤を例外として，研削砥石はその質量が大きく，かつ

回転数も高いので，不平衡による励振力は他の工作機械に比べて著しく大きい．また，砥石の修正作業が不十分なことによる偏心も実作業上しばしば問題となる強制振動源である．特に高品質な加工面を得るうえでは，床を伝達してくる外部振動もゆるがせにできない．これら強制振動による悪影響を極力抑制するために，砥石の平衡取りと十分な砥石作業面の調整作業，研削盤の動剛性向上，床振動の影響を抑制することが必要である．

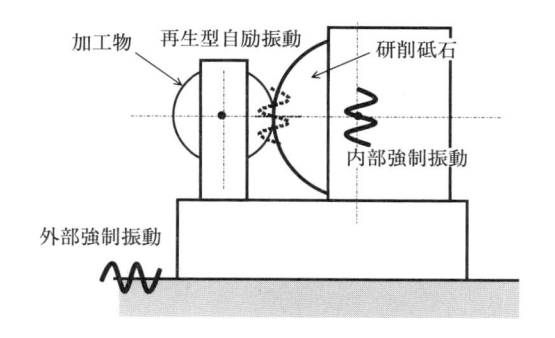

図7.20 研削加工における振動現象(1)

第2の振動原因は，切削の場合と同様に再生効果による自励振動である．砥石と加工物間に何らかの原因によって相対変位が生じたとすると，その影響は加工物表面に周期的なうねりとなって残される．加えて研削加工の場合は，工具である砥石表面にも振動によって周期的うねりが摩耗によって生ずる可能性がある．すなわち，再生効果が砥石表面にも存在するために，振動現象は一層複雑なものとなる．

7.5.2 研削における再生型自励振動の特徴的現象

研削における再生型自励振動現象の概略は，次のように要約される（図7.21）．

(1) 加工物外周の再生効果による自励振動はその発達速度が速く，かつ振動振幅も大きく，このような状況のもとでは加工を遂行することができない．このタイプの自励振動は加工物周速度が

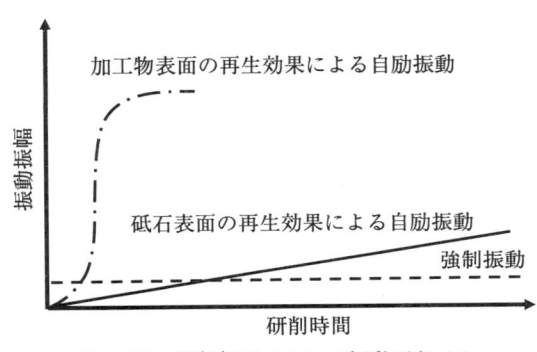

図7.21 研削加工における振動現象(2)

高い時に発生する．

(2) 一方，加工物周速度を下げると加工物表面の再生効果による自励振動は抑制されるが，砥石作業面の再生効果による自励振動が発生するようになる．このタイプの振動は，その発達速度が遅いが，多くの研削条件が，実は不安定領域に存在することが理論的に示されている[5]．すなわち，次第に発達する振動の振幅が許容値に達した時点で砥石表面を調整（形直し）しなければならず，振動の発達は砥石寿命の判定基準となる．この種類の振動に対しては振動の発達速度を抑えて寿命時間を長くする研削条件の選択が必要となる．

研削加工は，砥石軸方向の送り運動を伴わないプランジ研削と送り運動を持つトラバース研削に大別することができる．プランジ研削の主要な変数である砥石切込み速度と加工物周速度に対して，加工物再生型自励振動の安定限界を示すと 図7.22 のようになる[6]．すなわち，加工物周速度の上昇と切込み速度の低下は加工系を不安定に導く傾向がある．一方，トラバース研削の場合は，図7.23に示すように，加工物速度の上昇とトラバース速度の低下が加工系を不安定領域に導く[7]．トラバース研削において，砥石は 図4.3に示したような弾

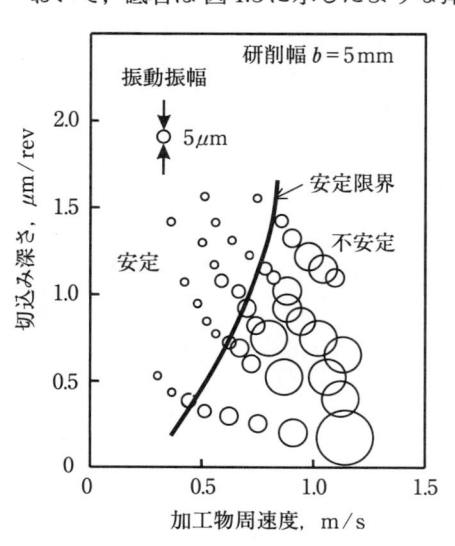

図 7.22 円筒プランジ研削の安定限界[6]

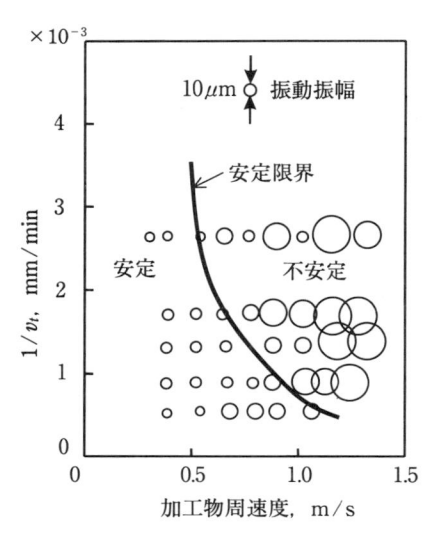

図 7.23 円筒トラバース研削の安定限界（v_t：トラバース速度，切込み深さ$h = 3\,\mu\mathrm{m}$，砥石幅 $b = 25\mathrm{mm}$）[7]

性変形を生じている．最も進行側の部分は常に加工物の新しい部分を研削しているが，後続部分は先行する部分で研削された部分を重複して研削するため，再生効果を伴うことになる．したがって，このような部分が占める割合が大きくなる低速トラバース研削において再生型自励振動が起きやすいと考えられる．加工面荒さの向上を図るうえでは，重複研削の割合を大きくすることが必要であり，このような条件下で自励振動が発生しやすいことには注意が必要である．

平面研削は，テーブルの反転運動を伴う間欠運動のため，加工物表面の再生効果が安定して維持されることが難しいであろうから，砥石作業面の再生効果による自励振動が主となるものと考えられる．

7.5.3 振動現象に影響を与える因子

再生型自励振動の発生と発達に影響を持つ因子で，研削プロセス特有なものとして

- 研削剛性
- 研削粘性
- 砥石接触剛性
- 砥石摩耗剛性
- 砥石と加工物の幾何学的干渉作用

などが重要である（図7.24）．

（1）研削剛性と研削粘性

切削剛性は，振動数には影響を受けずに切込み深さに比例するものと仮定した．しかし，研削の場合は振動数の影響を無視することはできない．なぜなら，工具である砥石と加工物が面接触をしているため，研削抵抗が単位時間当たりの材料除去量

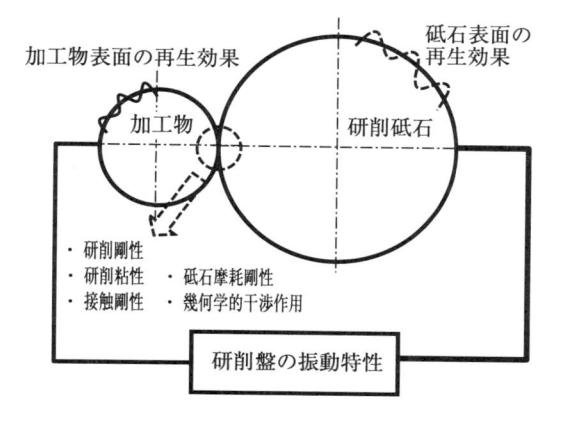

図7.24 研削びびりに影響を与える因子

に比例すると考えた場合に，加工面に垂直方向の振動数が材料除去率に影響するからである．このような考えに基づいて，円筒プランジ研削における単位切込み深さの変動に対する法線方向研削抵抗の変化を求める[8]．図7.25を参照し，dt 時間内に切込み深さが $dh(t)$ だけ変化したときの単位幅当たりの動的な研削量 $dM_g(t)/B$ は，

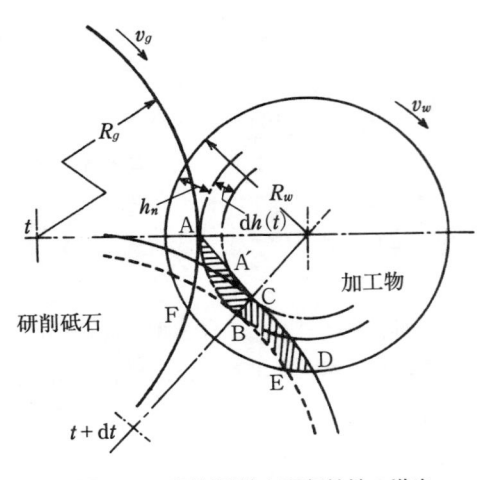

図7.25 研削剛性と研削粘性の導出

$$d\frac{M_g(t)}{B} = (ABC) + (BCDE) + (ABEF)$$

$$= v_w dh(t) dt + L_c dh(t) + v_w h_n dt$$

となる．ここで，v_w は加工物周速度，L_c は砥石と加工物の接触弧長さである．したがって

$$\frac{dM_g(t)/B}{dt} = v_w h(t) + L_c \frac{dh(t)}{dt} \tag{7.32}$$

となる．ただし，$h(t) = h_n + dh(t)$ である．

静的な研削抵抗の式 (4.7)

$$F_{tg} = \overline{P_g} B h \frac{v_w}{v_g}$$

において，$h v_w$ が単位時間・単位研削幅当たりの材料除去量であるから，研削抵抗比 κ を用いると

$$F_{ng}(t) = \kappa \frac{\overline{P_g} B}{v_g} \left[v_w h(t) + L_c \frac{dh(t)}{dt} \right] = k_g h(t) + c_g \dot{h}(t) \tag{7.33}$$

となる．ただし，

$$k_g = \kappa \overline{P_g} B \frac{v_w}{v_g} \tag{7.34}$$

$$c_g = \kappa \overline{P_g} B \frac{1}{v_g} L_c \tag{7.35}$$

である.

k_g は単位切込み深さの変動に対する法線方向研削抵抗の変化で,研削剛性と呼ぶことができる.これに加えて,動的な研削抵抗においては,切込み深さの変動速度に比例する成分〔式(7.33)右辺第2項〕が生ずる.そこで,その比例定数を研削粘性と呼ぶことにする.なお,研削粘性を与える式(7.35)において,砥石の接触変形は考慮していない.研削剛性の増大は切削の場合と同様に,加工プロセスを不安定に導く.一方,研削粘性はエネルギーを消費する作用を持つので,これが増大することは加工系の安定性増大を意味することになる.研削粘性は接触弧の長さに比例して増大する.

(2) 砥石接触剛性

法線方向研削抵抗によって砥石作業面に生ずる接触弾性変形は,動的な研削プロセスにも影響を及ぼすと考えられる.接触剛性は,砥石作業面での変形量が増えると接触弧長さが増大して接触面積が増加するため,変形に伴って接触剛性は増大するという非線形特性を示す.一般に,このような外力-変形特性を

$$y = \alpha F^n \tag{7.36}$$

で表すことができる.研削抵抗によって定常的に生じている接触変形量の近傍で接触剛性を線形化し,

$$k_{con} = \frac{dF}{dy} \tag{7.37}$$

を安定解析に取り込むことができる.

接触剛性は砥石と加工物の接触幅に比例して増大するが,通常の数 mm 程度の接触幅では,その値は機械系の静剛性と比較して同程度か1桁高い値である.このため,研削プロセスの安定性に影響を与える可能性がある.

接触剛性は,砥石結合度によって異なってくる.安定解析の結果によれば,接触剛性の低下は加工系を安定化する効果がある.したがって,低結合度の砥石を使用すれば振動の抑制効果が期待されるが,反面,低結合度の砥石は摩耗速度が早く,以下に述べる砥石摩耗剛性が低い.したがって,砥石作業面の再

生効果による自励振動の発達速度が速く砥石寿命が短くなると考えられる

(3) 砥石摩耗剛性

研削加工における再生型自励振動を論ずるに当たっては，加工物表面だけでなく砥石作業面での再生効果も考慮に入れなければならない．振動によって砥石作業面に生ずるうねりの発達速度は，加工物表面におけるそれと比較するとはるかに遅いと考えることができるが，その違いは砥石の摩耗剛性を導入することによって検討することができる．

工作物除去量と砥石摩耗量の比を研削比（grinding ratio）G，研削剛性を k_g とすると，砥石摩耗剛性 k_G は

$$\frac{k_G}{k_g} = G\frac{v_g}{v_w} \tag{7.38}$$

から求めることができる．k_G/k_g の値は $10^2 \sim 10^4$ 程度と考えることができる．したがって，砥石作業面の再生効果による自励振動の発達速度は極めて遅い．

(4) 砥石と加工物の幾何学的干渉作用

二つの再生効果が工作物周速度の影響を強く受ける理由は，図7.26に示す砥石と加工物の幾何学的干渉作用によると考えることができる．すなわち，振動数と振幅を一定として，加工物周速度だけを次第に減少させると，ある限界速度において相対振動によって形成される加工物表面のうねり形状に尖り点が生ずるようになり，うねりの振幅は振動振幅より減少し始める．この臨界速度は近似的に

$$v_{\text{cr}} \approx \sqrt{y\frac{D_g D_w}{2(D_g+D_w)}\,\omega}\tag{7.39}$$

で与えられる．ω は角振動数，D_g，D_w はそれぞれ砥石直径と加工物直径，y は振動振幅であ

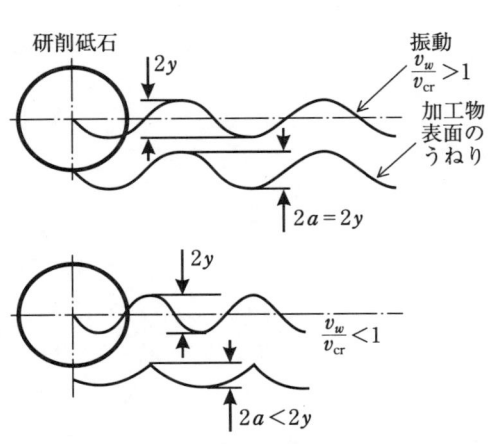

図 7.26 幾何学的干渉作用

る．加工物速度が速い $v_w \geq v_{cr}$ の条件下では相対振動振幅 y と形成されるうねりの振幅 a は等しいが，$v_w < v_{cr}$ ではうねり振幅は振動振幅より小さくなり，再生効果が減少する．このような干渉効果は砥石外周においても存在するはずであるが，その周速度が工作物に比べて著しく高いために，通常の条件下では無視することができる．

研削における安定解析を厳密に行うには，両者の再生効果を同時に考慮する必要がある．しかし近似解を得るうえでは，加工物限界速度を境として，高速側では加工物再生効果だけを考慮した解析，また低速側では砥石作業面再生効果だけを考慮した解析が許されるであろう．

7.6 振動原因の探索と抑制対策

高精度，高能率な加工作業を遂行するうえで，加工中に発生する振動を抑制することは極めて重要である．抑制対策を立てるうえでは，問題となっている振動の発生原因を明らかにすることがまず必要である．

7.6.1 振動原因の探索

工作機械に取付け可能な振動センサと，検出した振動の周波数解析が可能な装置が必要である．図7.27に示す手順を踏み，まず床を伝達してくる外部強制振動であるか否かを判別し，次いで機械の無負荷運転を行って，不平衡などによる内部強制振動を識別する[9]．次に加工作業を開始し，多刃切削工具による断続切削に基づく変動切削抵抗による強制振動が識別される．これには，工具回転数を変化させて，発生している振動の振動数を分析することが必要である．もしも振動数が回転数の変化に比例して変わるのであれば，変動切削力による強制振動である．

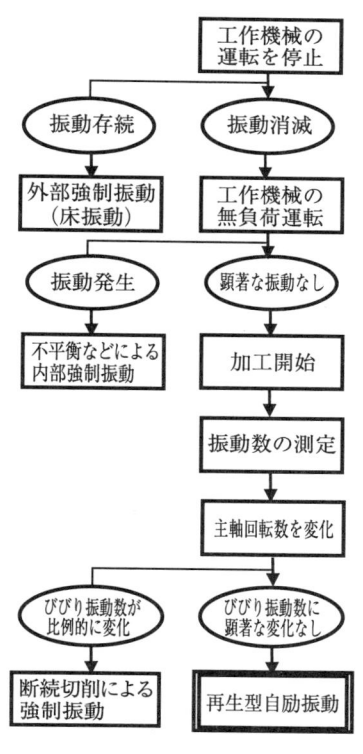

図 7.27 振動原因の探索[9]

再生型自励振動の場合は，機械系の固有振動数が関係するので，その振動数は比例的には変化しない．

研削加工の場合に，比較的緩慢に発達してくる振動であれば，砥石作業面の再生効果による自励振動であろう．したがって，この場合は，砥石に形直し作業を施して作業面上のうねりを除去することが必要となる．

7.6.2 振動の抑制対策

識別された振動が強制振動であれば，振動源の除去が必須である．振動源の同定には振動数の分析が有効である．断続切削による強制振動は，その源を完全に除くことができない．したがって，発生する振動の振幅を極力小さくする工夫が必要となる．そのためには，

(1) 切削力変動を小さくする加工条件の設定．ただし，通常は加工能率を低下せざるをえない
(2) 変動切削力の振動数が機械構造の固有振動数から離れるように工具回転数を変更する
(3) 工作機械動剛性の向上

などが対策となる．

振動が再生型自励振動と判別された場合は，図7.28に示す動的機械加工プロセスを構成する三つの因子，すなわち①材料の除去プロセス，②機械系の振動特性，③再生効果に着目して対策を考えることができる．さらに，具体的な対策を考えるうえで，安定限界を図式に求める際に用いた複素平面上のベクト

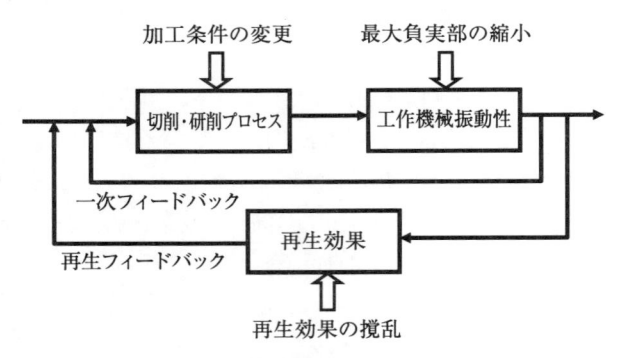

図 7.28 再生型自励振動の抑制対策

7.6 振動原因の探索と抑制対策

(a) 切削条件の変更（切削剛性 k_c の減少, 方位係数の減少）

(b) 静剛性の増大 方位係数の減少

(c) 減衰の増大

(d) ベクトル軌跡の移動

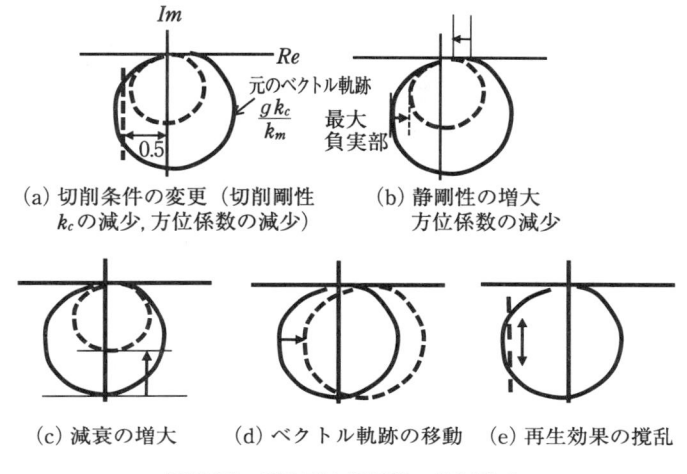

(e) 再生効果の撹乱

図 7.29 再生型自励振動の抑制戦略

ル軌跡図が有効である．再生効果を表す虚軸に平行で -0.5 を通る直線と，動コンプライアンス比のベクトル軌跡が交差しないように対策を立てることになる（図 7.29）．

(1) 加工条件を変更（切削剛性，研削剛性の減少）してベクトル軌跡の縮小を図る〔図(a)〕．切削幅の減少が最も直接であるが，加工能率の低下につながる．動的切削抵抗の作用方向を変えて方位係数を減少させることも有効である．

(2) 機械系の動剛性向上（動コンプライアンスの減少）を図る．すなわち，静剛性の増大〔図(b)〕，方位係数の減少〔図(b)〕，減衰の増大〔図(c)〕が考えられる．

(3) ベクトル軌跡を右方向に移動させる〔図(d)〕．後述するように，機械系の特性を変化することによってある程度可能である．

(4) 再生効果を撹乱して振動の発達を抑制する〔図(e)〕．

工作機械の構造設計段階において，その静剛性高め，方位係数の効果を生かす工夫がまず必要である．また，減衰性を高めるうえで構造材料の適切な選択も必要である．動剛性を高めるうえで，各種の動吸振器を工作機械に付加することも考えられる．動吸振器は，ばね-ダンパ-付加質量で構成される受動ダンパと，外部からのエネルギー供給を伴う能動ダンパに分類される．図 7.30

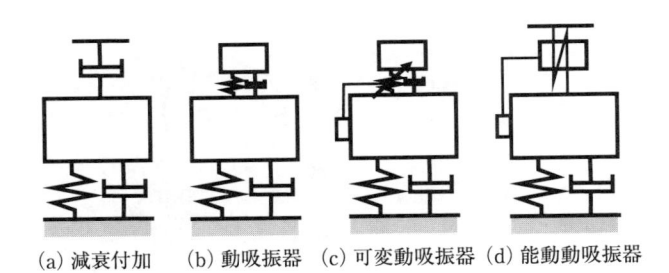

(a) 減衰付加　(b) 動吸振器　(c) 可変動吸振器　(d) 能動動吸振器

図 7.30　振動特性改善のための付加要素

は，工作機械の振動特性改善のための対策原理である．振動特性は，機械の運転条件，運転時間，姿勢，支持する加工物や工具の重量などによって変化する．広範囲な状況に対して有効な動吸振器とするためには，ばね要素や付加質量を

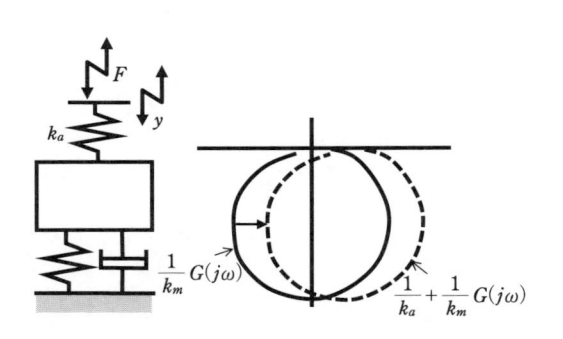

図 7.31　ばね要素挿入によるベクトル軌跡の移動

可変としたり，積極的に振動抑制力を作用させる能動動吸振器とすることが必要となる．

　ベクトル軌跡の右方向への移動は，工具と加工物の間に質量の影響を無視することができるようなばね要素を挿入することによって可能である（図7.31）．このようなばね要素の挿入によって，機械系の動コンプライアンスは，以下のように変化する．

$$\frac{y(j\omega)}{F(j\omega)} = \frac{1}{k_a} + \frac{g}{k_m}G(j\omega) \tag{7.40}$$

すなわち，挿入されたばね要素の静剛性を k_a とすると，元のコンプライアンスは右方向に $1/k_a$ だけ移動する．本原理の応用例を，旋削工具と研削砥石に対して図7.32に示す．切削工具の場合は，切れ刃の極近傍がたわみやすい構造にすることが考えられるが，ばね要素より先端部の質量は無視できるほど小さくなくてはならない[10]．この効果は，研削の場合には砥石の接触剛性を小さ

くすることによって発揮される．超砥粒砥石の場合は，図(b)のように砥粒層の内側に弾性要素を加えることによって実現できる．しかし，いずれの場合も，機械系静剛性の低下による切残し誤差を発生させることに注意が必要である．

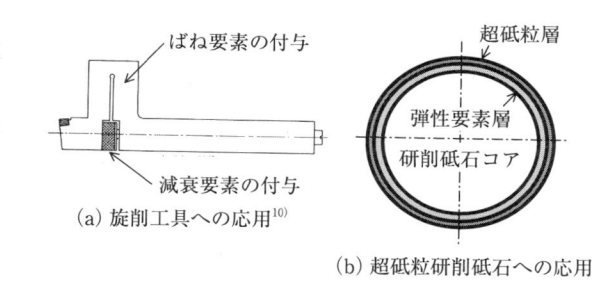

図7.32　ベクトル軌跡移動原理の応用例

(a) 旋削工具への応用[10]

(b) 超砥粒研削砥石への応用

再生型自励振動は，旋削加工の場合には加工物1回転前の振動と現在の振動との位相差が特定な関係になると発生する（7.4.2項）．したがって，加工物回転数を故意に周期的に変動させて再生効果を撹乱することで自励振動の成長を抑制することができる．これは，式(7.24)におけるνの値を故意に変化させることを意味する．多刃切削工具によるフライス加工の場合には，工具回転数を周期的に変動させなくても，切れ刃の配置を等間隔ではなく不等間隔にすることで同様の効果が期待できる（図7.33）[11]．これらの方法は比較的簡便であるが，加工表面に何らかの悪影響を残す可能性があることに注意が必要であ

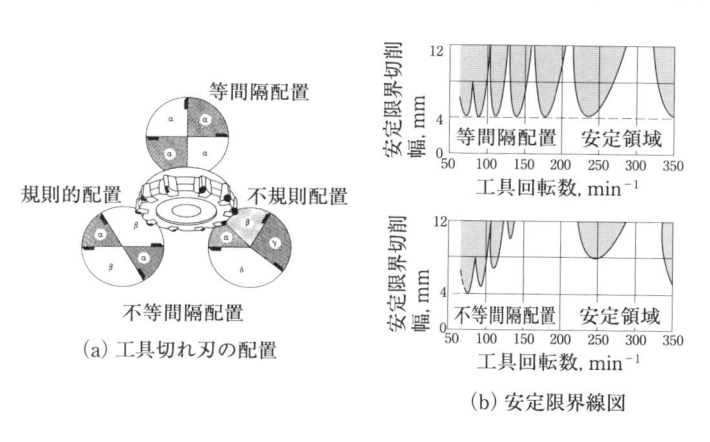

(a) 工具切れ刃の配置

(b) 安定限界線図

図7.33　再生効果撹乱の振動抑制効果[11]

る．研削加工の場合は，加工物と砥石の両回転数を変動させることも考えられる．

参考文献

1) M. Weck : Werkzeugmaschinen Fertigungssysteme Band4 Messtechinische Untersuchung und Beurteilung, VDI Verlag (1992) p. 235.
2) 文献1), p. 283.
3) H. E. Merritt : Theory of Self-Excited Machine-Tool Chatter: Contribution to Machine-Tool Chatter, Research 1, Journal of Engineering for Industry, Transactions of the ASME, November (1965) p. 447.
4) 文献1), p. 295.
5) I. Inasaki : Selbsterregte Ratterschwingungen biem Schleifen, Methoden zu ihrer Unterdrueckung, Werkstatt und Betrieb, **110**, 8 (1977) p. 521.
6) 杉原和佳・稲崎一郎・米津　栄：「円筒プランジ研削におけるびびり発生限界」, 精密機械, **46**, 2 (1980) p. 55.
7) 杉原和佳・稲崎一郎・米津　栄：「円筒トラバース研削におけるびびり発生限界」, 精密機械, **46**, 3 (1980) p. 27.
8) 大野進一：「研削における振動」, 日本機械学会論文集, **35**, 276 (1969) p. 1806.
9) 文献1), p. 221.
10) 文献1), p. 358.
11) 文献1), p. 359.

第8章 機械加工システムにおける計測と制御

8.1 序　言

　高品質，高性能の製品を製造するうえで，また製造過程での部品の互換性（interchangeability）を達成するうえで，構成部品の高精度化は必須である．母性原理に基づいた工作機械で加工される部品は，工作機械の運動精度以上の精度を持ちえない．実際の加工においては，加工力や熱の影響による加工誤差が重畳される．したがって，より高精度の部品加工をするためには，加工誤差を計測してこれを補正加工することが必要となる．工作機械と加工プロセスは，力や熱を介在とした相互作用であったが，計測・制御と工作機械あるいは加工プロセスとの相互作用に介在しているのは情報ということができる．

　工作機械自身の部品も工作機械によって製作される．これまで，工作機械の運動精度がmmからμmへ，そしてnmへと向上してきたのは，構成部品の計測と補正加工の繰返しの結果なのである．補正加工を意味あるものにするには，計測器や計測装置の精度が工作機械の運動精度より高くなければならない．幸い，計測装置は加工プロセスを実行しないので，工作機械のように力や熱の負荷を受けることも少なく，かつ使用される環境もよく制御されているので，高精度の計測が可能なのである．計測精度は目覚ましい向上を果たしてきたが，これには計測環境の注意深い改善の寄与も大きい．

　機械加工システムにおける計測は，加工後の部品に対する寸法・形状・表面品質の計測，加工プロセスの監視を行うための計測，そして加工プロセスを実行する工作機械の性能計測などを含む．

8.2 加工誤差の種類

　個々の部品形状に対して，要求値からの偏差，すなわち固有の誤差が規定されるが，代表的な機械部品である円筒軸を例にとると，図8.1に示すように直径や長さのように部品寸法に関係するものと，円筒度誤差，真円度誤差のよう

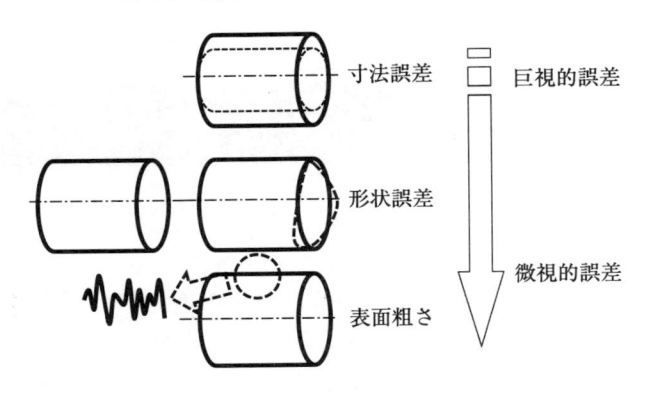

図 8.1　部品の幾何学的誤差

に形状の範疇に入るものとに分類することができる．形状に関しては，表面粗さも許容値を超えていれば微視的な加工誤差と呼ぶことができる．加工プロセスによって加工物表面に残された材質的な変化，すなわち残留応力などの加工変質層も許容値を超えていれば部品表面性状に関しての加工誤差ということもできる．形状誤差には一次元的，二次元的，三次元的なものが考えられるが，いずれの場合も定量的に評価できるように誤差の表示方法が定義されている．図8.2に，例として日本工業規格による真直度誤差と真円度誤差の定義を示す．真直度誤差は，測定した形状を挟む二つの平行平面間の距離である．真円度誤差は，測定によって得られた形状を同心円で挟んだとき，これらの円の間隔が最小となったときの半径差として定義している（最小領域中心法）．

　表面粗さは，真直度誤差の波長が短い成分とみなすことができる．部品の疲労強度，耐摩耗性，熱伝導性，電気伝導性，密封性などの部品性能を左右するので，加工結果の重要な評価項目である．表面粗さの表示に関しては各種の方法が提案されているが，ここでは最大高さ粗さR_yと算術平均粗さR_aの定義を図8.3に従って説明

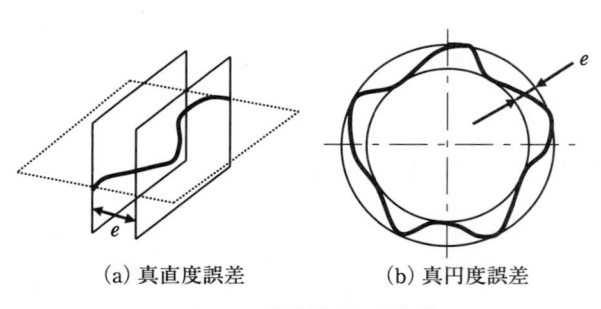

(a) 真直度誤差　　(b) 真円度誤差

図 8.2　形状誤差の表示例

8.2 加工誤差の種類

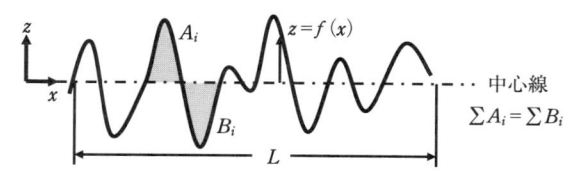

算術平均粗さ： $R_a = \dfrac{1}{L}\int_0^L |f(x)|\,\mathrm{d}x$

最大高さ粗さ： $R_y = f(x)_{\max} - f(x)_{\min}$

図 8.3 表面粗さの定量化

する．最大高さ粗さは，規定された測定長さの粗さ曲線 $z=f(x)$ の最大値と最小値の差として

$$R_y = f(x)_{\max} - f(x)_{\min} \tag{8.1}$$

で定義している．最も直接的な表示法であるが，この値は測定長さに依存するので，必要な測定長さが規定されている．粗さ曲線に現れる突発的な最大値や最小値の影響を除き，より客観的な値を読み取る方法の一つとして算術平均粗さがある．粗さ曲線に対して

$$R_a = \dfrac{1}{L}\int_0^L |f(x)|\,\mathrm{d}x \tag{8.2}$$

で定義される．ここで，L は測定長さである．粗さ曲線 $z=f(x)$ は，図 8.3 に示したように，$\Sigma A_i = \Sigma B_i$ となるように引かれた直線に対して定義されている．

上述の各種加工誤差の測定値は，加工部品ごとに異なり，時系列的に記録すると，図 8.4 のようになるのが通常である．すなわち，時間とともに系統的に変化する成分（系統的誤差）と，不規則に変化する成分（偶然誤差）である．前者は工具摩耗，工作機械の熱変形などがその原因であることが多く，ある程度の予測が可能で対策を講ずることもできる．しかし，後者はその原因を特定することが困難な場合が多い．信頼性が高い機械加

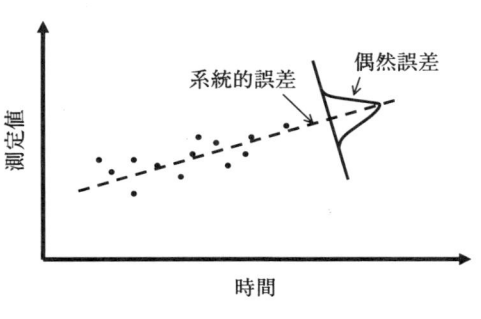

図 8.4 系統誤差と偶然誤差

工システムを実現するうえでは，偶然誤差を極力小さくする努力が重要である．一見，不規則な変動をしていると思われる誤差も，注意深い観察と探索によって，その原因が明らかになる場合があるからである．

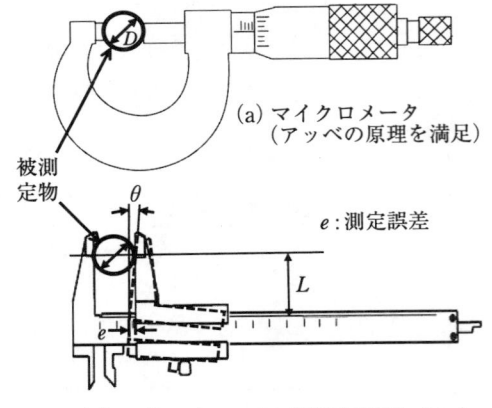

図8.5 加工誤差計測の環境
(a) 機外計測
(b) 機上計測
(c) インプロセス計測

8.3 加工誤差の計測

加工部品の幾何学的誤差や表面品質の計測は，多くの場合加工終了後に工作機械から加工物を取り外して行われる〔図8.5(a)〕．加工物の取外し，搬送，取付けの時間を短縮するために，図(b)に示すように加工終了後に同じ工作機械の上で加工，計測，補正加工を行うことも可能である．さらに，図(c)のように，加工プロセスの遂行中に同時計測，補正加工を行うことも考えられる．円筒研削加工においては，図(c)の同時計測補正が既に実用化されている．

最も基本的な加工誤差の測定項目は，加工物の厚みや直径の寸法誤差である．しばしば加工の現場で使用される機外測定機器はノギスとマイクロメータである．図8.6に示すように，マイクロメータはアッベの原理を満たしており高精度な測定が可能であるが，ノギスはこの原理を満たしておらず，$e = \theta L$ の測定誤差を生ずる可能性がある．

幾何学的誤差の計測に当たっ

図8.6 直径の測定
(a) マイクロメータ（アッベの原理を満足）
(b) ノギス（アッベの原理を満足しない）
e：測定誤差

8.3 加工誤差の計測

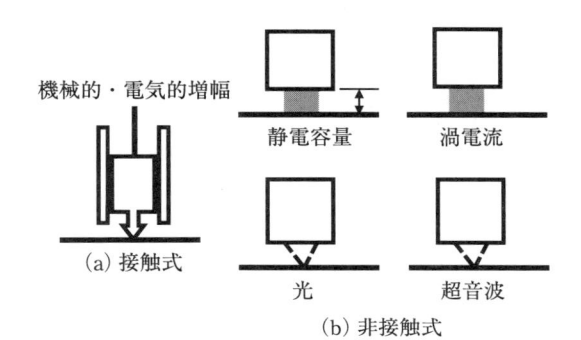

図 8.7 各種の変位センサ

て基盤となるのは，微小な距離変化を検出ための変位センサである．変位センサには，図 8.7 に示すように種々の原理に基づくものがあるが，接触式と非接触式に分類される．非接触式は，加工面を変形させず，傷をつけるなどの心配がなく測定の自由度も高いが，各種外乱の影響を受けやすいという欠点もある．接触式変位センサは，測定力による被測定物の変形が問題とならない場合には信頼性が高いセンサである．

これらのセンサを測定子とした部品形状測定装置が開発されている．図 8.8 に，代表的な形状測定機器である真直度，表面粗さ測定機および真円度測定機の原理を示す．真直度の測定において，長波長の成分を遮断して短い波長成分だけを取り出せば，表面粗さの測定ができる．

加工部品の三次元的な寸法，形状誤差を測定するための機器として，三次元測定機が実用化されている．測定子は，加工物との接触を高精度に検知する機能を持ち，その三次元的移動量を x, y, z 軸に組み込まれたセンサで計測する（図 8.9）．それぞれの案内面には，静圧空気潤滑の原理が応用されている場合

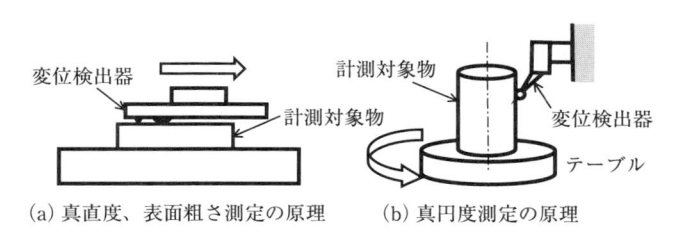

図 8.8 真直度測定と真円度測定の原理

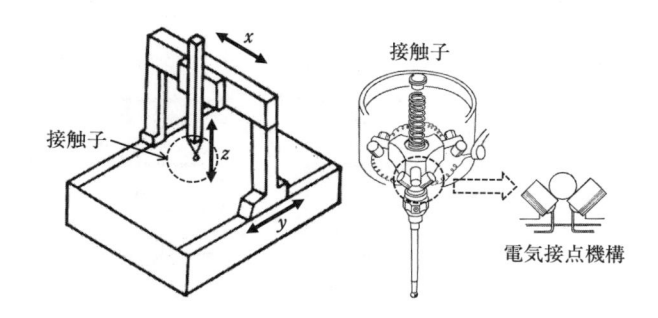

図 8.9　三次元測定機〔レニショー（株）〕

が多い．

　加工誤差を計測する機器の選定に当たっては，
（1）感度
（2）分解能
（3）測定範囲
（4）線形性
（5）精度
（6）応答速度

などの観点から評価することが必要である．

8.4　工作機械の数値制御と適応制御

　工作機械は，数値制御技術の開発と導入によって，加工精度，加工能率の点で格段にその性能を高めた．プログラムの変更によって容易にその創成運動を変更することができ，変更しなければ何度でも同じ運動を繰り返すことができる．すなわち，創成運動の融通性と再現性が格段に高められた．自動工具交換装置の組込みによって，一度パレットに取り付けられた加工物に対して各種の加工がなされるようになり，マシニングセンタ（machining center）と呼ばれる新たな工作機械が生まれるに至った．

　数値制御工作機械の創成運動は，サーボモータと送りねじあるいはリニアモータ，そして送りねじの回転角やテーブルの移動量を検出する機器とで構成されるフィードバック制御が基本となっている．図8.10は，サーボモータと直線

8.4 工作機械の数値制御と適応制御

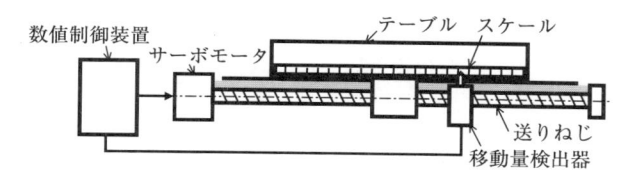

図 8.10 数値制御によるテーブル駆動

移動量検出器とで構成された最も一般的な数値制御系である．

数値制御によって高精度な創成運動が実現されるに至ったが，実際に工具が加工物と干渉して加工を行うプロセスからは情報のフィードバッ

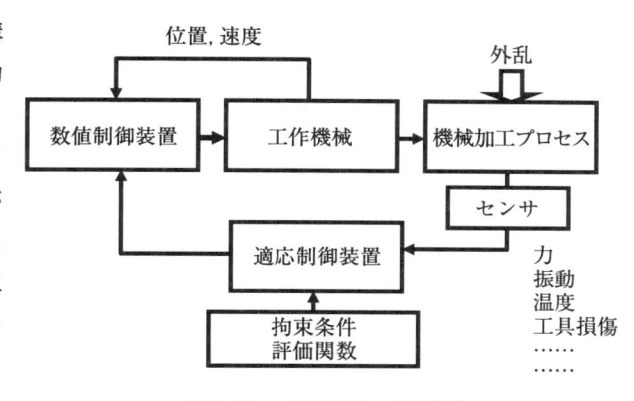

図 8.11 工作機械の適応制御

クがない．つまり，工具損傷や自励振動の発生などの加工中に生ずる各種のトラブルを検知する機能は持っていない．そこで，加工プロセスからの情報を取得し，これを数値制御工作機械のフィードバック回路の中に取り込もうとするのが工作機械の適応制御（adaptive control）である．適応制御工作機械の構成は，図8.11のようになっている．加工中の各種外乱やトラブルに対して，加工物材質や工具材質が変わっても適応的に対応できるという意味から適応制御と呼ばれるが，その機能から次の2種類に分類することができる．

（1）拘束適応制御
（2）最適化適応制御

旋削作業を例にとり，これら適応制御の違いを説明する．拘束適応制御は，たとえば切削抵抗や切削動力を検出して，これらの値が設定した許容値を超えない範囲で送りを速める制御をして加工能率を高めようとする方式である．許容値は，搭載モータの動力や工具強度，切削抵抗による加工物の変形などの観点から決定される．図8.12のように，素材の直径が一定でない加工物を旋削す

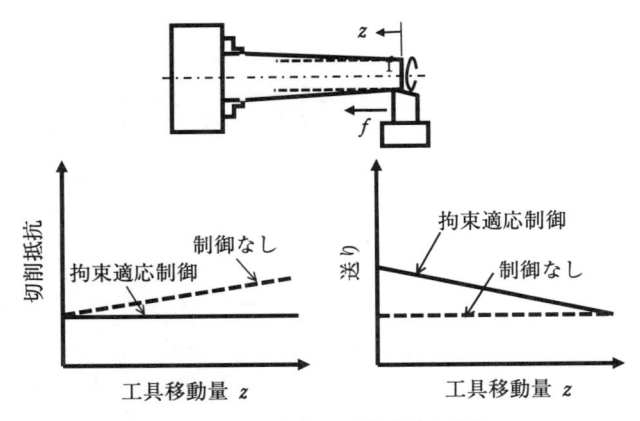

図 8.12　旋削加工の拘束適応制御

るに当たって，従来方式であれば切削抵抗過大による工具損傷を避けるために送りを小さく設定する．すなわち，加工能率を控えめに設定しなければならない．しかし，切削抵抗を常時監視することができれば，これが許容値を超えない範囲で最大送りを維持しながら加工を進める制御が可能となり，加工能率向上が達成される．

最適化適応制御は，より高度な制御を狙っている．すなわち，3.10.3項で説明した加工時間や加工費用を評価関数として，これらを最小にする最適切削条件の探索を実加工中に行おうとするものである．加工中の工具摩耗進行速度を短時間に計測することができれば，工具寿命の予測が可能である．摩耗進行速度の計測には，種々の方法が提案されているが，切削抵抗の計測などによる間接的な方法が多い．制御量は切削速度と送りである．これらの制御量を変更しながら，たとえば最急降下法などの最適化アルゴリズムを適用して送りと切削速度の最適化を図る戦略である（図8.13）．

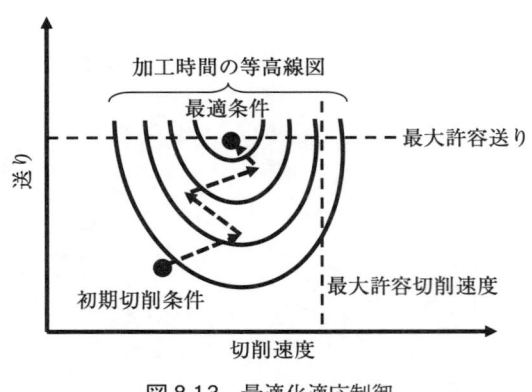

図 8.13　最適化適応制御

8.5 加工プロセスの自動監視技術

　工作機械の適応制御技術は，数値制御の特長をさらに生かす技術として活発な研究開発が進められているが，まだその途上にあるのが実情である．基盤となる技術は，加工物の幾何学的形状の計測だけではなく，加工プロセスの状況を的確に診断するための監視技術の確立である．そして，その核となるのはプロセスの状態を診断するためのセンサである．

8.5.1 加工プロセス監視のためのセンサ

　センサは，「対象物やプロセスの状態を診断するために，それらに関連する信号を各種のエネルギー形態で検出し，計測，記録するためのエネルギー形態に変換する素子」と定義することができる．信号のエネルギー形態としては

(1) 機械エネルギー（変位，速度，加速度，力など）
(2) 熱エネルギー（温度，熱流束，熱伝導など）
(3) 電気エネルギー（電圧，電流，抵抗など）
(4) 磁気エネルギー（磁束など）
(5) 放射エネルギー（可視光，赤外光，電磁波など）
(6) 化学エネルギー（ph，化学成分など）

などが考えられる．センサへの入力となるエネルギーと，計測・記録するための出力エネルギーが同じ形態のセンサと，異なる形態のセンサが考えられる．信号処理の便利さから，電気エネルギーに変換するセンサが多い．

　目的に沿った適切なセンサを選択するに当たっては，

(1) 接触式か非接触式か
(2) 能動的か受動的か（信号検出のためにセンサにエネルギーの供給が必要か否か）
(3) 動作範囲
(4) 感度
(5) データ形式

などの観点から評価することが必要である．

8.5.2 検出対象とセンサ

　切削，研削プロセスの状態診断，トラブル検出の対象となる現象の代表的な

表 8.1 切削プロセスにおけるトラブルと関連物理量

	力（トルク）	動力	振動・音	温度
びびり振動	○		○	
工具折損	○	○	○	
工具摩耗	○	○	○	○
構成刃先	○	○		
切りくずのからみつき	○	○	○	
衝突	○	○	○	

ものは，びびり振動，工具損傷，構成刃の形成，切りくずのからみつきなどで，これらに加えて数値制御プログラムの誤りによる工作機械構成要素間の衝突などがある．加工中のトラブルを検出するうえで有効と考えられる物理量は，**表 8.1** に示す力，トルク，動力，振動，音，超音波，温度などで，これらの中から問題となるトラブルの検出に最適なものを選択することになる．表に示した物理量を検出するセンサは既に開発・実用化されているものが多いが，加工プロセスの監視に使用するうえではその信頼性，頑丈性，費用などの点でまだ改良の余地がある．

8.5.3 信号処理とデータ融合

人間が工作機械を操作して加工を実行しているとき，作業者は自分の視覚，聴覚，触覚，嗅覚などの感覚器官を駆使してプロセスの監視に集中している．複数の感覚器官で得られた情報を融合して診断している場合も多く，これによって高い信頼性と多機能性が達成されていると考えられる．現在，一部で実用

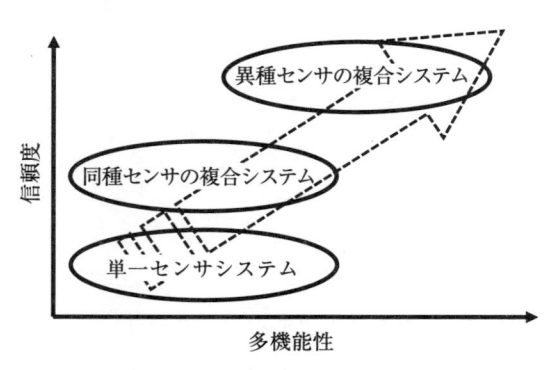

図 8.14 センサ複合化による監視システム性能向上

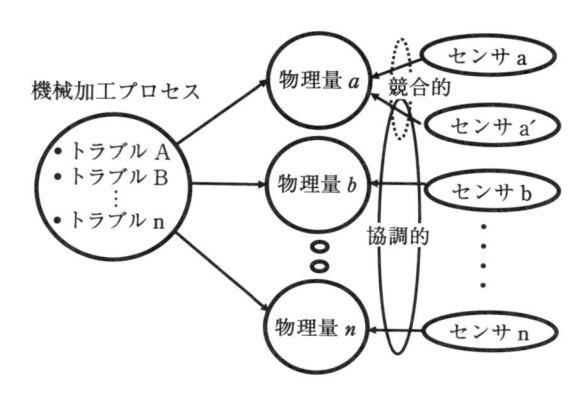

図8.15 複数センサによる監視システム

化されている監視装置は，この点で人間の能力に及ばない．

信頼性と多機能性の向上を狙って人間の異常診断能力を模擬して複数のセンサを同時に使用する試みがある．同じ種類のセンサを複合させて冗長度を上げることによって信頼度を高めることと，異なる種類のセンサを複合させて多機能性を高めることが考えられる（図8.14）．加工中のトラブルを分析し，深く関連する物理量を決定し，それを検出するセンサを決定することがまず必要である（図8.15）．

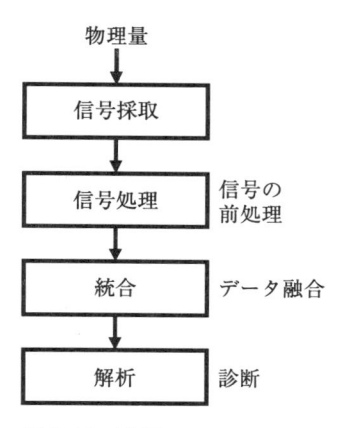

図8.16 監視システムによる診断プロセス

複数のセンサで検出した信号データを融合するには，図8.16に示すプロセスを経る必要がある．

(1) 信号の採取（信号採取の時間間隔を決定）
(2) それぞれのセンサで検出した信号の前処理（フィルタリングなどによる信号/雑音比の向上，データ融合のための信号の無次元化）
(3) データ融合
(4) 診断（それぞれのセンサから得られたデータの平均値，多数決原理などによる意思決定）

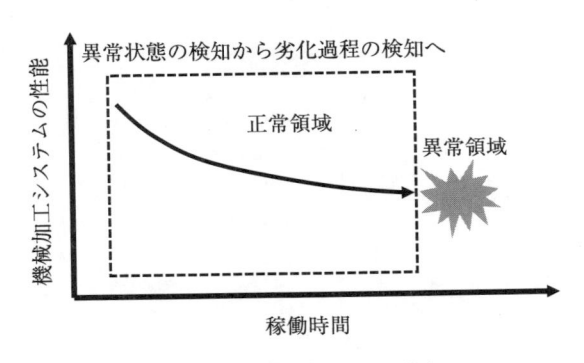

図8.17 監視システムの役割

複数のセンサを統合した監視システムには，その信頼度が高められることが期待されるが，逆にプロセスが正常であっても異常が起きたと誤った判断をする確率が高まってしまう恐れがあることにも十分な注意が必要である．加えて，費用の増大もトラブル回避による損失の低減効果と合わせて検討すべきである．

機械加工システムの監視技術は，発生したトラブルの検知だけではなく，工作機械の性能劣化，加工プロセスの状態劣化など，劣化の過程を監視できるようになることが望まれる．これによって，トラブルが発生してしまって被る大きな損害を抑えることが期待されるからである（図8.17）．

8.6 工作機械の性能検査

工作機械の性能は多角的な視点から評価されるが，最も基本となるのは創成運動の精度である．これに加えて，加工プロセス遂行による負荷を考慮に入れた静剛性，動剛性，熱剛性などの計測によって加工精度と加工能率の評価がな

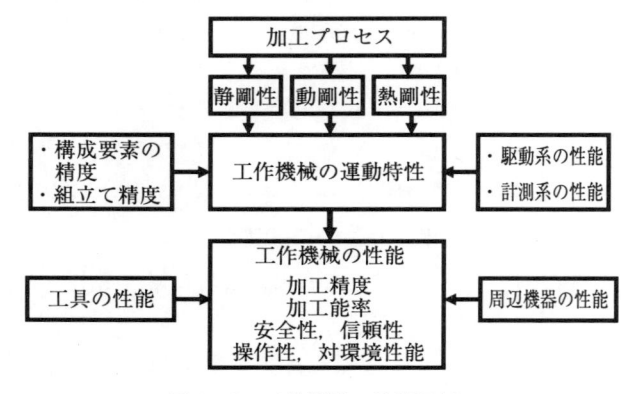

図8.18 工作機械の性能評価

される．さらに，作業者の操作性と安全性，消費エネルギーなどの対環境性能が新たな評価項目として加わる（図8.18）．

本節では，加工精度と加工能率に直接関係する運動精度と剛性の計測，評価について述べる．人間工学的側面からの評価と対環境性能に関しては第9章で触れる．

8.6.1 運動精度の評価

運動精度の評価で最も基本となるのは，主軸など回転要素の回転精度とテーブルの直進運動精度である．主軸の回転誤差には，図8.19（a）に示す半径方向誤差，軸方向誤差，そして傾斜運動誤差がある．これら誤差は，真円度誤差のない被測定体を回転軸に取り付け，軸を回転させて複数の変位センサを用いることによって検出できる〔図(b)〕．被測定体に真円度誤差がないことを前提としているが，円周方向に3個の変位センサを配置することによって軸の半径方向回転誤差と被測定体の真円度誤差を分離しうることが理論的に証明されている．

直進運動をするテーブルの運動誤差は，運動方向（x方向）の位置決め誤差，運動方向と直角方向への二つの真直度誤差（y, z方向），x, y, z軸周りの三つの回転誤差（ローリング，ローリング，ヨーイング）の6成分ある（図5.9参照）．これらの誤差は，工作機械とは独立に設置された複数のレーザ干渉計などによって検出することができる〔図8.20（a）〕．また，回転誤差を測定する方法と同様に，真直度誤差のない被測定体をテーブルに取り付け，テーブルを運動させて主軸頭に取り付けた変位センサと被測定体表面との相対変位から検出することもできる〔図(b)〕．前者は絶対計測，後者は相対計測となる．相対計測の場

(a) 軸の回転誤差　　　　(b) 回転誤差の計測

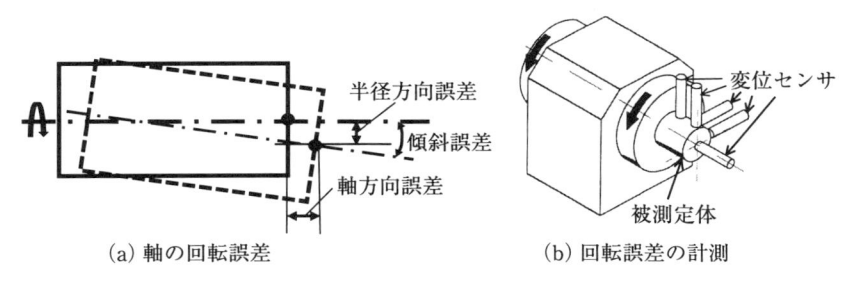

図 8.19　主軸の回転運動誤差とその計測

(a) 絶対計測　　　　　　(b) 相対計測

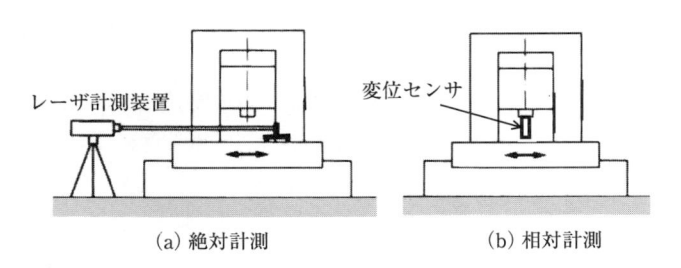

図 8.20　テーブルの直進運動誤差とその計測

合，被測定体の表面に真直度誤差がないことを前提にしているが，この場合も2個の変位センサを併用することによって被測定体の真直度誤差とテーブル運動の直進運動誤差を分離することが可能である．これらの運動誤差は x, y, z 案内のそれぞれに存在し，また各案内間の直角度誤差や平行度誤差も存在する．

x-y テーブルのように，2自由度を持つ要素の円運動誤差を測定する機器が実用化されている．これは，図 8.21 に示すダブルボールバー（double ball-

(a) 象限切替えに伴う誤差

(b) 案内面の直角度誤差

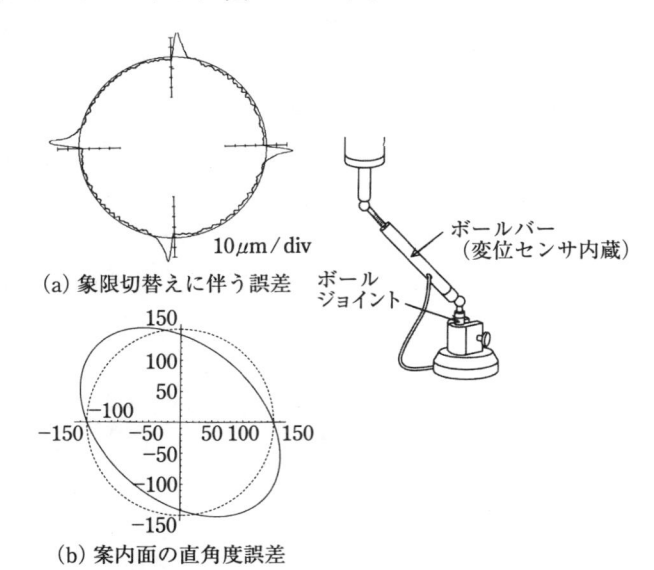

図 8.21　ダブルボールバーによる平面運動の総合評価
〔レニショー（株）〕[1]

bar）と呼ばれるもので，数値制御装置からの円運動司令によって運動する x-y テーブルの運動誤差を接続棒内に組み込まれた変位センサによって検出するものである[1]．接続棒の両端には球が取り付けられており，一方は x-y テーブルに，また他端は主軸側に磁力によって結合される．結合部は球面座となっており，自由に回転運動ができるようになっている．円運動に誤差がなければ接続棒に伸縮はなく，真円が描かれるが，誤差があると接続棒に伸縮を生ずるので，ひずんだ円が描かれる．その量を変位センサで検出する原理である．x-y テーブルに円運動を行わせた場合，0°，90°，180°，270°の位置において x, y 運動の向きが反転する（象限切替え）ので，バックラッシュなどの誤差があるとそれぞれの位置で図 (a) に示すように突起状の形状が現れる．また，直角度誤差があると楕円形状が現れる．その他の運動誤差も真円からのずれとして表示される．テーブル駆動系に原因がある運動誤差も総合的に検出されるので，数値制御工作機械の総合的な運動精度評価を行ううえで有用な計測機器となっている．

運動精度の評価は，規定された加工条件のもとで実際に切削を行った評価用加工物の寸法，形状誤差の測定によっても可能であるが，加工プロセスの影響を受けるために測定結果の再現性が問題となる．

数値制御工作機械においては，各種運動誤差の計測結果は有効に生かされる．すなわち，計測した誤差を当該工作機械固有の運動誤差として記憶させて，プログラム上で補正することが可能となるからである．

8.6.2 静・動剛性の評価

静剛性は，図 6.1 に示したように油圧機器などを用いて工具と加工物の間に力を加え，これによる変形量を変位センサによって測定することによって評価することができる．工作機械構造内に存在する「がた」や，ヒステリシスなども同時に検出することが必要である．

動剛性の評価は，図 7.3 に示したような計測システムによって行われる．動剛性計測の主たる目的は，自励振動に対する安定性評価である．安定性評価の最も直接的な方法は，図 8.22 に示すように，寸法と形状を厳密に規定したテーパ形状の供試加工物を工作機械に取り付け，規定された切削速度と送りの条件下で切削を行い，自励振動が発生し始める限界切込み深さで評価する方法であ

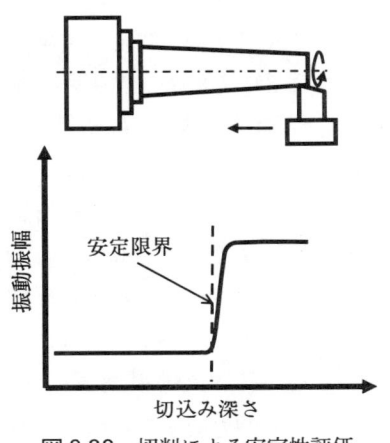

図8.22 切削による安定性評価

る.供試加工物がテーパ形状をしているため,切込み深さが送り運動に伴って次第に増大し,やがて不安定領域に陥る.安定限界切込み深さの比較によって工作機械間の優劣を判定することができる.

切削を通しての安定性評価は,簡便ではあるが,加工プロセスの再現性の影響を受けるという欠点がある.加えて,広範囲の加工条件に対して評価するには膨大な時間と材料費などの費用がかかる.そこで,工作機械自身の振動特性を測定する方法が実際的となる.その原理は,7.2節で述べた工作機械構造の動コンプライアンスベクトル軌跡を図7.3に示したようなシステムで計測することである.ベクトル軌跡を求め,その最大負実部の大きさで評価する.最大負実部が小さい工作機械ほど自励振動に対する安定性が高いということができる.ただし,工具と加工物の干渉状況は多様に変化するから,対象となる工作機械の振動特性を総合的に評価するには,図7.19に示したように各種切削状況のもとでの安定限界を求めることが必要である.

参考文献

1) H. K. Tönshoff and I. Inasaki : Sensors in Manufacturing, Wiley-VCH (2001) p.62.

第9章 工作機械-人間-環境間の相互作用

9.1 工作機械の人間工学

9.1.1 序言

　工作機械に要求される最も重要な性能は高い加工精度と加工能率であるが，これらの性能を最大限に発揮するために，工作機械は安全で，作業者との機能配分が適切に行われ，かつ人間工学的に作業者によく適合していなければならない．数値制御によって自動化が高度に進んだ近代工作機械は，その操作において人間との関わりは減じている．

　しかし一方，高速・多機能化した工作機械が誤動作を起こすと作業者に対して重大な事故となる危険性があり，加えて機械修復のための経済的損失も甚大である．また，自動化の推進によって失われていくであろう作業者の仕事への満足感も問題である．さらに，無計画な自動化は作業者に切りくず処理などの生産的ではない作業だけを残すことになり，労働意欲を失わせる結果ともなる．

9.1.2 工作機械の安全性

　機械加工作業の場で発生する災害には，下記のような工作機械と作業者間の不調和が原因となっているものが多い．

(1) 人的原因（誤動作，疲労，不注意，規則無視など）
(2) 物的原因（構造不良，強度不足，劣化，安全装置の不良，保護具の欠陥，有害物質の放出など）
(3) 環境条件（作業面積，照明，温度，湿度，騒音，換気など）

　切削加工の場で発生する事故には，人的原因によるものが多いという調査結果がある．

　工作機械の操作に関連した事故の中で，その修理，調整中に発生したものが多いという事実には注目すべきである．修理・調整作業は，以下に挙げる理由によって事故が発生しやすい状態にあるといえる．

(1) 作業を短時間内に終了しなければならない．
(2) 狭い場所，不十分な照明など，劣悪な環境下での作業が多い．
(3) 工作機械を動作させながら検査，調整を行わなければならない場合がある．
(4) 機械に接近して行う作業が多い．
(5) 安全装置を解除した状態での作業が多い．
(6) 複数の作業者による共同作業が多い．

　工作機械の修理・調整中の事故を低減するには，製造者側ではこれら作業を行いやすい構造設計を考え，使用者側では徹底した安全教育と作業環境の整備が必要である．

　工作機械の安全対策は，
(1) 事故原因の排除
(2) 災害拡大の予防
(3) 安全指示
の3段階で考える必要がある．

　一例として，円筒研削盤の安全対策を取り上げる．円筒研削盤は，大直径で高速回転する研削砥石を使用するため，砥石の破損は大事故につながる．このため，徹底的な安全対策が必要である．工具である研削砥石の強度を高めることが基本で，コアの部分に複合材料を使用して軽量化による遠心力の低減と強度の上昇を図った砥石も開発されている．

　遠心力に対しは十分な強度を持っていても，過大な切込みやプログラムの誤りによる衝突によって砥石破壊が起こる可能性がある．そこで，災害の規模を最小限に抑えるため，砥石カバーの設計が重要となる．十分な強度を持ち，砥石破壊片の飛散を防ぐ適切な形状の設計に加えて，砥石破片の衝撃エネルギーを吸収する緩衝材の併用も場合によっては必要である．

　研削盤の構造においても，安全対策を講ずる余地がある．伝統的な円筒研削盤の構造では，図9.1(a)に示すように高速回転をする砥石の半径方向に作業者が位置しており，砥石破壊が起きたときには最も危険な構造である．そこで，図(b)のように作業者の側方に砥石を配置する構造とすれば，作業者に対する危険度は減ずる[1]．

(a) 在来構造　　　　　　　　(b) 提案構造

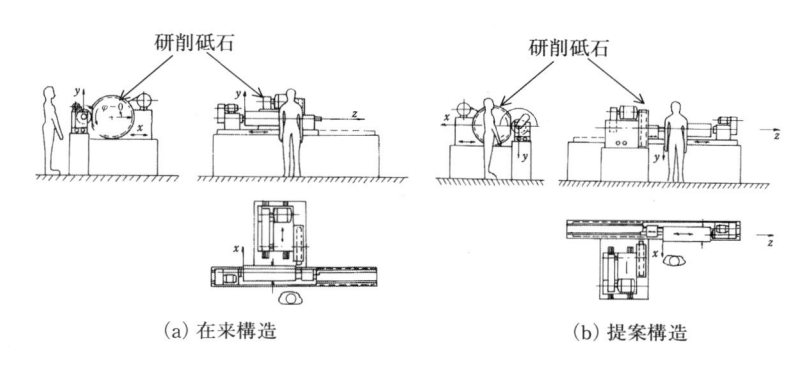

図 9.1　安全性を考慮した円筒研削盤の新構造 [1)]

　研削盤に限らず，工作機械には高速回転をする主軸があり，回転体の破損に伴う災害を最小限に抑えるための防護カバーが必要である．防護カバーの設計に当たっては，その強度面だけはなく，カバーが閉じられているときだけ機械運転を可能とするような安全対策が必要である．工作機械をカバーで覆うことは安全対策上必要であるが，反面加工点の監視を困難にするという問題点もある．

9.1.3　工作機械の操作性と保全性

　工作機械操作における作業者の疲労軽減を図るうえで，機械構造の寸法や形状は人間の形態や手足の動きによく適合していることが必要である．人間が行う主たる作業の位置は，人間の肘の位置付近に集中させるのがよいとされている．したがって，工作機械の加工点の位置は，作業者の身長に適合していることがまず必要である．これによって，工具や加工物の着脱が容易となり，加工点の監視も容易になって疲労の低減と動作の信頼性が高まることになる．図9.2は，円筒研削盤の構造に対する人間工学的検討である [1)]．研削加工の場合，作業者は研削点で発生する研削火花の様子から加工状態の情報を得ている．したがって，研削点は見やすいことが必要である．また，加工物の取付けや取外し，計測を容易にするために接近性がよくなくてはならない．①は在来構造である．前項で述べた安全性に加えて，接近性と操作性を考慮すると，⑤の構造が望ましいということができよう．

　自動化が進んだ工作機械では，作業者との関わりが減るのでこのような人間

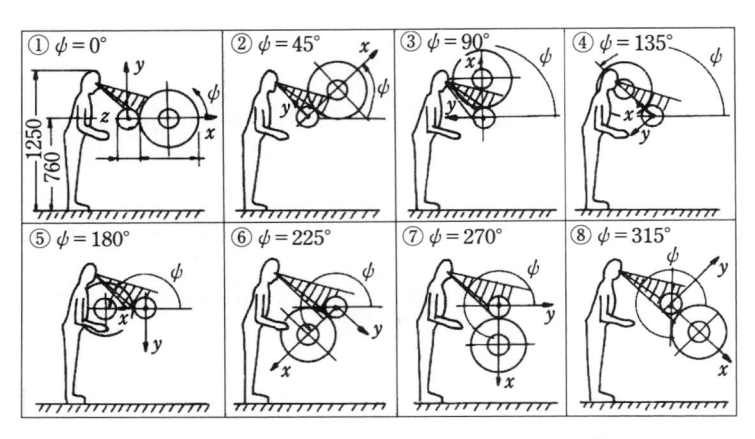

図9.2　円筒研削盤構造の人間工学的考察[1)]

工学的な配慮の重要性は減るように思えるが，工作機械が故障した際の点検・修理・調整作業を容易にするためには，人体に適合した構造形態にして作業空間への接近性を高めることが必要である．しかし一方，接近性向上の配慮が，工作機械操作時の安全性において問題となることには十分な配慮が必要である．

工作機械の基本構造を考えるうえで，保全性の向上に配慮することも重要である．工作機械の保全問題は，正常な状態を維持するための平常の整備と，故障が起きた際の修復とに分けられる．前者の保全態勢を完備することによって定期的な点検を行うことが望ましい．切りくずの排除と清掃，切削液の交換などを容易に行うことができるための配慮が必要である．

9.1.4　表示機器と操作機器

工作機械を使用して加工を実行しているとき，機械と作業者は情報の採取と操作を通して閉回路を構成している（図9.3）．作業者は，加工プロセスの直接観察と工作機械の各種表示機器を通して情報を採取し，操作機器を介して加工プロセスの制御をしている．したがって，正常な作業を維持するうえで，これら表示機器と操作機器は人間の知覚機能と動作機能によく適合していることが必要である．

人間が工作機械を操作している過程では，視覚，聴覚，触覚，嗅覚などを通して加工情報を得ている．これらの中で，視覚を通して得る情報量が最も多く，

工作機械の表示機器の適切な選択と設計は重要である．表示機器に表示される情報は，内容的にも時間的にも加工プロセスの状態を適切に表していることが必要で，以下のような要件を満足するものでなければならない．

(1) 読取りが迅速にできる．
(2) 必要な精度で読取りができる．
(3) 情報は必要な形式で示されていて単位の換算等をしないですむ．
(4) 情報の変化を的確に検知できる．
(5) 見たい表示機器の存在位置が容易に確認でき，他の機器との識別が容易．
(6) 機器の故障を容易に識別できる．

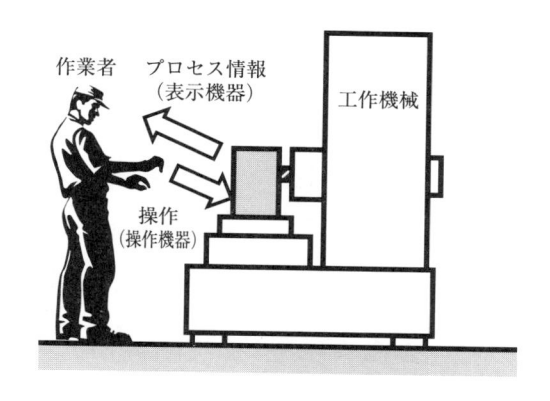

図 9.3　人間と工作機械の相互作用

表示機器は，表 9.1 に示すように可動指針型，固定指針型，計数型に分類される．数値制御工作機械に装備されている操作パネルは，そのスクリーン上に数値形式で表示される情報が多く，計数型表示機器に分類される．計数型は，定量的な値の読取りには適しているが，目標値からの偏差を読み取ったり，目標値への調節を行うには可動指針型の方が適している．表示機器の位置，照明などにも読取り誤差を生じないための配慮が必要である．

作業者が手，足などを用いて工作機械に操作を加える部分が操作機器である．代表的な操作機器

表 9.1　表示機器の種類

表示機器の形式　　　　課題	可動指針	固定指針	計数型
定量的読取り	○	○	●
情報のチェック	●	×	×
目標値への調節	●	○	○
連続プロセスの制御	●	×	×

●：最適，　○：適，　×：不適

としてレバー，ハンドル，スイッチ，ノブなどがある．これらの設計，配置に当たっては，良好な接近性と操作性，誤動作がなく安全であることなどが満足されなければならない．そのために，操作機器の大きさ，操作力，操作量，設置位置などに関して人間工学的な配慮が必要である．数多くの操作機器が配置される操作パネルの設計に当たっては，各操作機器の機能，操作順序，重要度，使用頻度，人間の習慣などを考慮に入れて機器を配置する必要がある．

9.2 工作機械と環境の相互作用

9.2.1 序言

工作機械が設置されている工場内の環境，特に温度変化と床振動は加工精度に大きな影響を与える．一方，工作機械はその任務を遂行する過程で切りくず，寿命に達した工具や切削液などの廃棄物を排出する．これらの多くは回収されて再利用されるが，霧化された切削液や騒音の放出は作業者に健康上の問題を残し，心理的な負担となる．

近年，環境問題が深刻に取り扱われる中で，工作機械のエネルギー消費を極力抑えようとする努力が進められている．工作機械は，その加工精度と能率の向上という本来の機能に加えて，環境との相互作用という観点からもその性能が評価されるようになってきた．

9.2.2 周囲環境が加工精度に及ぼす影響

（1）温度の影響

工作機械の熱変形に関しては既に6.3節で述べたが，周囲環境として工場内の温度変化，空気の流れ，輻射熱も変形の原因となる．特に，温度制御をしない限り工場内には24時間を周期とする温度変化があり，工作機械も熱時定数〔式(6.32)〕に応じた時間遅れを持って周期的な変形をすることになる．図9.4は，大型の門型工作機械のクロスレールが室温の変化によって傾く様子を計測した結果である[2]．工場内の温度変化に対応して1日を周期として熱変形を起している．

大型工作機械の場合は，周囲温度変化に対する応答の時定数が大きく，変形の速度は緩慢であるが，変形量は大きい．一方，小型工作機械の場合は，周囲温度の変化に敏感に応答する．天井が高い工場においては，室内上部と下部の

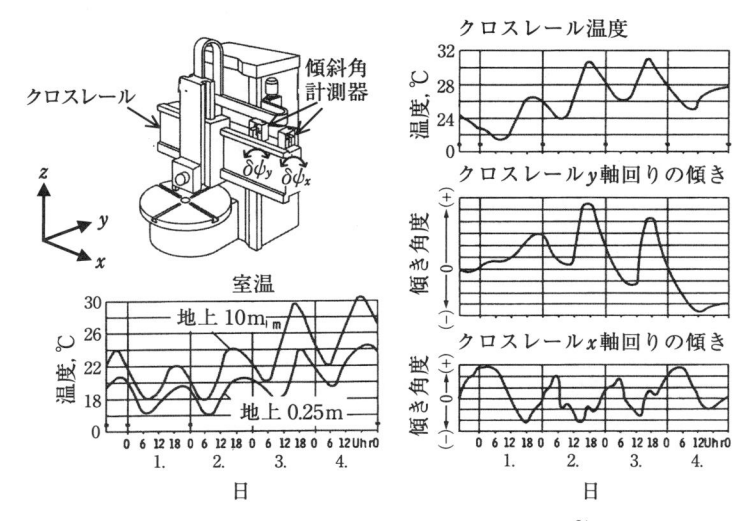

図 9.4 室温変化による工作機械の熱変形[2]

温度差が生じやすく,対流を引き起こして熱変形に影響を与えることになる.

周囲温度の変化による熱変形を抑制するには,工場内の温度を一定に制御することが基本対策であるが,そのためのエネルギー消費は大きくなる.

(2) 床振動の影響

工作機械の据付けに当たっては,その運動精度を維持するために
(1) 機械内に自重によるひずみが生じないように支持点の数と位置を定めること
(2) 大重量の運動要素の移動によってひずみや振動が生じないこと
(3) 機械外部から伝達してくる床振動を絶縁すること
(4) 工作機械の設置位置変更が容易なこと

などの注意が必要である.工場の地盤が軟弱であったり,設置する工作機械が大型大重量であったり,精密工作機械で床振動を絶縁しなければならない場合は,その基礎部分を周囲と絶縁して独立した構造にする(図9.5).

特に高精度加工が要求される工作機械の場合には,上述した基礎の整備に加えて,工作機械の支持要素に適切なばね特性を与えて床振動伝達の抑制効果を持たせることも必要となる.床振動が加工物表面に与える影響は,支持要素の

(a) 小型工作機械　　　　　　(b) 精密工作機械

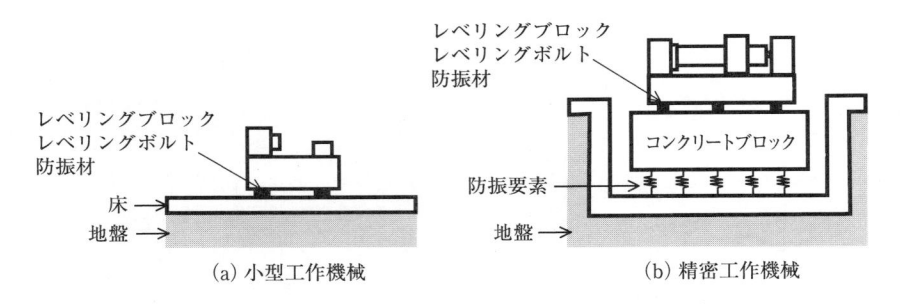

図 9.5　工作機械の据付け

剛性によって大きく異なってくる．床振動の影響を抑えるに当たって，支持要素の剛性の適切な選択が効果的な場合もあるが，機械内で発生する内部振動の悪影響が助長される可能性や，運動要素が移動することによる姿勢変化の影響が顕著になる恐れがあることに注意が必要である．

9.2.3　工作機機械が周囲環境に及ぼす影響

(1) 騒　　音

騒音は，工場内での聴覚による情報の授受に支障を生ずるのみならず，ある限界を超えると作業者に身体的不調を与えるに至り，何らかの騒音対策をとる必要が生ずる．工場内で許容される騒音レベルは，その継続時間にもよるが，作業者が8時間騒音環境下に置かれるとすると，その上限は 85 dB (A) 程度であるとされている．

動作中の工作機械から放射される騒音の発生原因とその抑制対策を図9.6のように整理することができる[3]．騒音発生源は，工作機械の駆

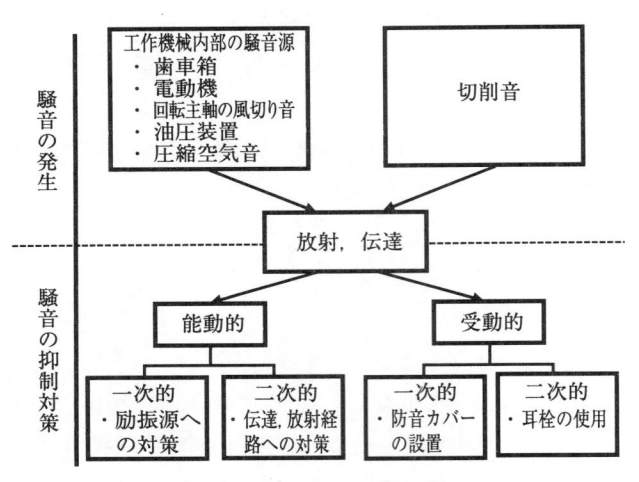

図 9.6　工作機械の騒音源と対策[3]

動に伴って発生する歯車箱，電動機，油圧装置からの音，主軸回転の風切り音，圧縮空気漏洩音などが代表的である．切削を開始すると，これらに切削音が付加される．いうまでもなく，断続切削において騒音の発生は顕著となる．騒音対策は，能動的なものと受動的なものに分けることができる．能動的な対策は，構造を励振する振動源への対策と振動や音の伝達，放出経路に講ずる対策に分けられる．受動的な対策としては，工作機械を防音カバーで囲うことや作業者が耳栓をすることなどが考えられる．

（2）切削液の飛散と空気汚染

加工性能を高めるうえで，多くの切削加工において切削油が使用される．切削油および切削性能を高めるために，これに含まれる添加剤が，以下の面で作業者に健康上での悪影響を与える可能性がある．

(1) 皮膚障害
(2) 霧化された切削油の吸入による障害
(3) 臭気

不水溶性切削液による油疹，水溶性切削液による皮膚の荒れを防ぐには，作業後の皮膚の洗浄，保護クリームや手袋の使用が必要である．さらに深刻な問題は，霧化された切削油の呼吸器官系への吸入である．切削液は，工具や加工物の回転運動による飛散，切削熱による蒸発などによって霧化される．霧化された切削液の人体への吸い込み量はその粒径に依存する．直径 5 μm 以下の微粒が肺胞にまで達して特に危険だといわれている．

近年，機械加工が環境に与える負荷を低減する目的で，極微量の霧化した切削液を供給する切削加工（ニアドライ切削）が普及しつつある．粒径数 μm 以下の噴霧が加工作業の近傍に飛散するため，十分な回収対策が講じられることが実用化のうえで必須である．

9.2.4 低環境負荷工作機械

（1）ドライ切削加工，ニアドライ切削加工

工作機械からの排出物として，特にその低減に高い関心を寄せられているのは切削液である．切削液は，微細な切りくずや工作機械に使用されている潤滑油の混入，バクテリアの発生などにより切削性能が次第に低下して，やがて寿命に至る．また，切削液は人体に有害な添加物を含む可能性があるため，寿命

に達した切削液は焼却などの処理が行われるが，そのために費用がかかり，焼却すること自体が問題視される可能性もある．さらに，切削液を供給するためのポンプを駆動するためのエネルギー消費も，工作機械が消費する全エネルギーの数十％を占める場合もある．切削液の使用に関わる費用とエネルギー消費を低減する目的で，その使用を極力回避する技術の開発が要望されている．究極の目標は，まったく切削液を使用しない乾式切削（ドライ切削）であるが，湿式切削と同等の満足できる加工結果を達成することができない場合が多く，中間的な技術として切削液の供給量を激減させる極微量切削液供給加工（ニアドライ切削：near-dry cutting）が実用性の観点から注目を集めている．既に一部で実用化されている例もある．切削液のリサイクル率を高めて再利用する方法も考えられるが，供給のためのエネルギー消費を避けることはできない．

ニアドライ切削の原理は，数μm以下の粒径に霧化した切削油を高圧空気に混合して切削点に供給するものである．図9.7に示すように，霧化された油を工作機械主軸と工具に設けられた供給孔を通して切削点に供給する．油剤の供給量は湿式切削の場合の数万分の1程度なので，確実に切削点に供給しなければならない．特に，ドリル加工やリーマ加工のような穴あけ加工の場合は，この要件を満たすことが必須である．しかしながら，主軸の回転によって発生する遠心力の影響で，霧化された油滴が供給孔の内壁に付着してしまい，切削点に十分に到達しないことが技術的課題として残されている．旋削加工やフライス加工の場合は，外部からのノズルによる供給も可能である．

ニアドライ切削に使用される油剤は，環境負荷の視点から人体や生物に害のない生分解性が高いものでなければならないため，合成エステル油や植物油が使用されている．

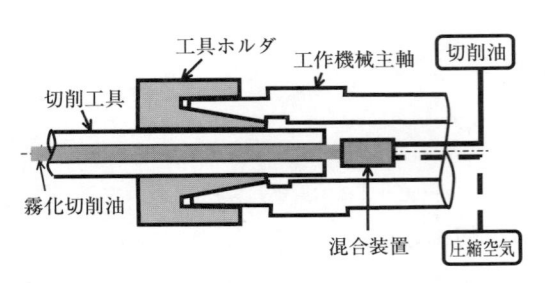

図9.7 ニアドライ切削用工作機械主軸

切削液の主要な役割は，切削点の潤滑と冷却作用である．これに加えて切りくずを切削点や工作機械テーブルから流体エネルギーによって排除する作用が加わる．3番目は，切削液本来の

役割ではないが，多量の切削液供給が切りくず排除のために必要となっているのが実情である．もし，切りくず排除が他の手段で確実に行われるなら，潤滑と冷却のために必要な供給量は現状より格段に少なくてよいはずである．

ドライ切削，ニアドライ切削を実用化するには，上述した切削液の三つの役割を代替し，従来どおりの加工精度と加工能率を達成しなければならない．ニアドライ切削においては，潤滑作用は確実に切削点に供給される油剤によって，冷却と切りくず排除作用は高圧空気によって行われることになる．冷却と切りくず排除作用は，多量の流体を供給する場合に比較してその効果は小さい．

ニアドライ切削の実用性をさらに高めるうえで必須の技術開発は，切りくずの効果的な排除である．加工面や工具に与える悪影響と，切りくずの堆積による工作機械の熱変形を抑制するために必要である．これまでに試みられた対策は，

(1) 切りくず吸引装置の導入
(2) 重力を利用して切りくずの落下を容易にする工作機械構造

などであるが，多様な加工状況に対して十分に対応できる技術にはなっていない．

切削液供給量の低減による工具損傷を抑える対策として，工具切刃の被覆は有効である．これまで，TiC，TiN，その他の被覆工具が効果を発揮している．切りくず排除を容易にするための切れ刃形状の改良も，特に穴あけ加工の場合には重要である．

図9.8は，ニアドライフライス加工の実施例である[4]．湿式切削の数万分の1程度の油剤供給量で同程度の切削抵抗が得られており，潤滑効果が達成されている．アルミニウムなどの軟

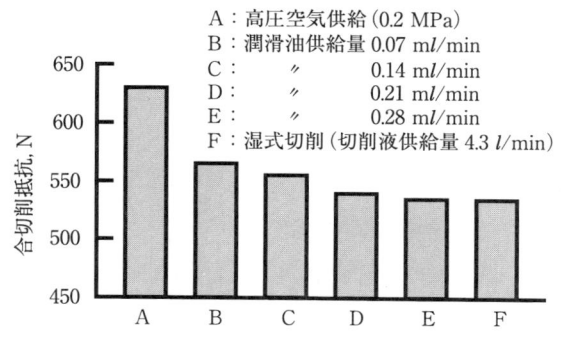

図9.8 ニアドライ切削の潤滑効果（フライス加工）[4]

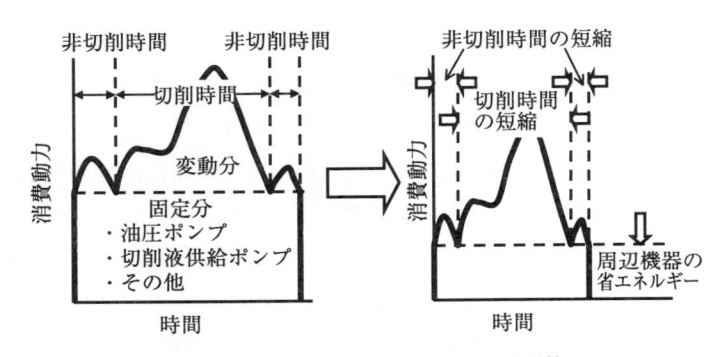

図 9.9　工作機械の消費エネルギー低減対策

質系金属のニアドライ切削においては，材料の工具切れ刃への溶着が大きな障害となっている．

（2）工作機械の省エネルギー対策

図9.9は，工作機械で消費される動力の時間変動を示したものである．時間に対して積分した面積が消費エネルギーとなる．工作機械運転中に消費されるエネルギーは，同図に示すように固定分と変動分に分けて考えることができる．前者は，主に油圧ポンプや切削液供給ポンプなどの周辺機械の駆動に消費されるエネルギーで，加工プロセスとは直接の関わりはない．

一方，後者は工作機械の創成運動に伴うエネルギーに切削に消費されるエネルギーを加えたものである．固定分のエネルギー消費を抑えるために，工作機械要素の省エネルギー対策，周辺機器の待機エネルギー消費低減対策などが進められている．切削速度の上昇は主軸駆動に要するエネルギー消費を上昇させるが，加工時間短縮による固定分のエネルギー消費低減効果がこれを上回り，総エネルギー消費を低減する場合が多い．

大型の工作機械は，その駆動に要するエネルギー消費も大きい．図9.10は，工作機械の床面積とその仕様に記述されている加工可能な加工物の大きさ（取付け面積）の関係をカタログからまとめたものである．加工物の大きさに比べて非常に大きな寸法の工作機械が使用されていることがわかる．工作機械の省エネルギー対策の一つとして小型化への取組みが行われている．しかし，工作機械の本来の機能である高精度加工を達成するうえで十分な運動精度，剛性，熱剛性などが維持されるかどうかを確認しなければならない．

ある製品がその製造,使用,廃棄・リサイクルにわたる全過程で環境に与えた負荷でその製品を評価しようとする試み(LCA : Life Cycle Assessment)がある.工作機械は,あらゆる製品の製造過程での環境負荷に関係し,また製品が使用される過程での環境負荷にも影響する.なぜなら,製品のエネルギー消費という点での動作性能が加工精度に影響を受ける場合もあるからである.工作機械自身のLCAは,長期間使用されることが多いため,その使用段階での環境負荷が圧倒的に大きいのが特徴である.一方,リサイクル業者に引き取られた工作機械材料の重量再利用率は90%以上と極めて高い.

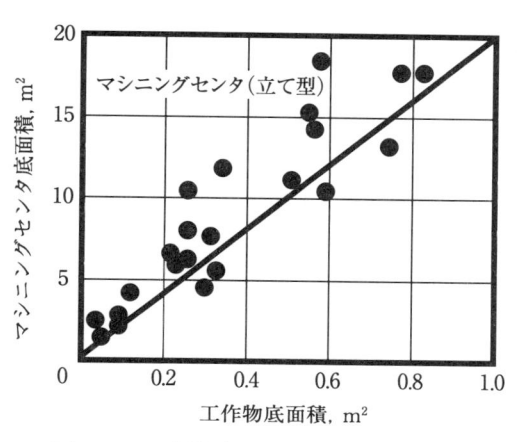

図9.10 工作機械床面積と加工物の床面積

参考文献

1) W. Redeker and J. Herbst : Konzeption von Aussenrund- Schleifmaschinen unter Berücksihtung der Ergonomie, Schleifen, Honen,Laeppen und Polieren, Vulkan- Verlag (1977) p. 280.
2) M. Weck : Werkzeugmaschinen Fertigungssysteme Band4 Messtechinische Untersuchung und Beurteilung, VDI Verlag (1992) p. 204.
3) M. Weck : Werkzeugmaschinen Band 4 Messtechnische Untersuchung und Beurteilung, VDI-Veerlag (1978) p. 131.
4) H. Minekawa and Inasaki et al. : Cutting with Minimam Quantity Lubricant, Proceedings of the International Seminar on Improving Machine Tool Performance, Vol.1 (1998) p. 655.

索　引

ア　行

アキシアル軸受 ……………… 82
アッベの原理 ………………… 97
アプローチ角 ………………… 31
安定限界式 …………………… 129
案内要素 ……………………… 82
位相差 ………………………… 121
位置決め誤差 ………………… 80
一次遅れ系 …………………… 112
インプロセス計測 …………… 152
上向切削 ……………………… 32
運動精度の評価 ……………… 161
エマルジョン型 ……………… 54
延性 …………………………… 9
円筒研削盤 ……………… 58, 73
円筒度誤差 …………………… 149
応力 …………………………… 8
応力-ひずみ特性 ……………… 8

カ　行

快削金属 ……………………… 8
回転運動誤差 ………………… 161
化学的摩耗 …………………… 46
拡散摩耗 ………………… 20, 46
加工硬化係数 ………………… 11
加工硬化現象 ………………… 11
加工誤差 ……………………… 149
加工物速度 …………………… 62
加工変質層 …………………… 42
加速摩耗 ……………………… 47
型削り盤 ……………………… 73
形直し作業 …………………… 56
環境親和加工技術 …………… 4
完全塑性材料 ………………… 11
機械加工システム …………… 6
機外計測 ……………………… 152
機械的摩耗 ……………… 20, 46
幾何学的干渉作用 ……… 139, 142
機上計測 ……………………… 152
境界潤滑状態 ………………… 85
境界摩耗 ……………………… 44
強制振動 ……………………… 119
凝着摩擦説 …………………… 17
凝着摩耗 ……………………… 46
強度係数 ……………………… 11
極限応力 ……………………… 9
切りくず厚み ………………… 24
切りくず形態と形状 ………… 37
切りくず生成機構 …………… 23
切りくずの流出方向 ………… 31
切りくず流出速度 …………… 34
切残し誤差 …………………… 108
き裂型 ………………………… 37
偶然誤差 ……………………… 151
組立てジグ …………………… 99
クランプ ……………………… 100
グループテクノロジー ……… 22
クレータ摩耗 ………………… 44
形状創成関数 ………………… 74
形状創成コード ……………… 81
形状創成理論 ………………… 74
系統的誤差 …………………… 151
ゲイン ………………………… 121
結合度 ………………………… 60
研削加工 ……………………… 56
研削剛性 ……………………… 139
研削サイクル ………………… 112
研削速度 ……………………… 62
研削抵抗 ……………………… 64
研削粘性 ……………………… 139
研削比 ………………………… 65
研削焼け ……………………… 67
減衰比 ………………………… 123
工具材質 ……………………… 50
工具寿命 ……………………… 46

工具寿命時間 ･････････････････ 47
工具損傷 ･･･････････････････ 44
工具ホルダ ･････････････････ 99
工作機械 ･･･････････････････ 71
工作機械構造の多様性 ･･･････････ 80
工作機械動剛性 ･･･････････････ 120
工作機械の安全性 ･･･････････ 165
工作機械の種類 ･･･････････････ 72
工作機械の省エネルギー対策 ･･･ 176
工作機械の据付け ･･･････････ 172
工作機械の操作性 ･･･････････ 167
工作機械の人間工学 ･････････ 165
工作機械の保全性 ･･･････････ 167
公称応力 ･･･････････････････ 10
公称ひずみ ･････････････････ 10
剛性 ･････････････････････ 103
構成刃先 ･･･････････････････ 39
構造コード ･････････････････ 81
拘束適応制御 ･･･････････････ 155
高速度鋼 ･･･････････････････ 50
硬度 ･･･････････････････････ 14
降伏応力 ･･･････････････････ 9
降伏条件 ･･･････････････････ 13
互換性 ･･･････････････････ 149
極微量切削液供給加工 ･････････ 174
誤差ベクトル ･･･････････････ 80
固有角振動数 ･･･････････････ 123
転がり摩擦要素 ･･･････････････ 91
混合潤滑 ･･･････････････････ 85
コンプライアンス ･･･････････ 103

サ 行

サーメット ･････････････････ 51
再結晶温度 ･････････････････ 12
最小エネルギー説 ･･･････････ 29
再生型自励振動 ･････････････ 137
再生効果 ･･･････････････ 120, 126
最大せん断応力説 ･････････ 13, 28
最大高さ粗さ ･･･････････ 42, 150
最大ひずみエネルギー説 ･･･････ 14
最適化適応制御 ･････････････ 155

最適切削条件 ･･･････････････ 46
材料の摩耗 ･････････････････ 19
サポート ･･･････････････････ 100
三次元測定機 ･･･････････････ 153
算術平均粗さ ･･･････････････ 150
残留応力 ･･･････････････････ 43
自己動コンプライアンス ･･････ 122
自生発刃作用 ･･･････････････ 57
下向切削 ･･･････････････････ 32
周囲環境 ･･･････････････････ 170
周波数応答関数 ･････････････ 123
主応力 ･････････････････････ 14
初期摩耗 ･･･････････････････ 46
象限切替え ･････････････････ 162
自励振動 ･････････････ 97, 119, 137
真円度誤差 ･････････････････ 149
真円度測定機 ･･･････････････ 153
真応力 ･････････････････････ 10
信号処理 ･･･････････････････ 158
靱性 ･･･････････････････････ 11
真直度 ･････････････････････ 153
真直度誤差 ･････････････････ 80
振動原因 ･･･････････････････ 143
振動の抑制対策 ･････････････ 144
心なし研削盤 ･･･････････････ 58
真ひずみ ･･･････････････････ 10
準二次元切削 ･･･････････････ 30
数値制御 ･･･････････････ 72, 154
数値制御工作機械 ･･･････････ 4
スクイーズ効果 ･････････････ 88
すくい角 ･･･････････････････ 24
すくい面 ･･･････････････････ 24
スティックスリップ現象 ･･････ 97
ストライベック曲線 ･････････ 96
スパークアウト研削 ･････････ 112
寸法効果 ･･･････････････････ 30
静圧潤滑 ･･･････････････････ 85
静圧潤滑の原理 ･････････････ 89
静圧潤滑パッド ･････････････ 89
脆性 ･････････････････････ 11
静的相互作用 ･･･････････････ 103

切削厚み	24
切削液	53
切削液の種類	54
切削液の飛散	173
切削温度	33
切削加工	21
切削工具	49
切削剛性	108
切削主分力	27
切削速度	24
切削抵抗	26
切削熱の流入割合	35
切削背分力	27
切削幅	26
切削比	28
接触弧長さ	62
接触剛性	64
接触長さ	34
接線方向研削抵抗	65, 67
セラミックス	51
センサ	157
せん断角	24, 26, 28
せん断型	37
せん断速度	34, 37
せん断ひずみ速度	37
せん断面	24, 26
旋盤	73
騒音	172
相互動コンプライアンス	122
操作機器	168
創成運動	22, 72
組織	60
塑性変形領域	9
ソリューション型	54
ソリューブル型	54

タ 行

ダイヤモンド	51
多刃工具	22
単刃工具	22
ダブルボールバー	162

弾性係数	9
弾性変形領域	8
弾性流体潤滑	92
力の流れ	104
チップブレーカ	37, 52
チャック	99
超硬合金	51
重複係数	128
直進運動誤差	162
直交切削	23
定圧予圧	93
定位置予圧	93
低環境負荷工作機械	173
定常摩耗	47
データ融合	158
適応制御	155
転位	10
電着砥石	60
砥石切込み深さ	62
砥石接触剛性	139
砥石摩耗剛性	139, 142
動圧潤滑	85
動圧潤滑の原理	86
等価砥石直径	63
動吸振器	145
動コンプライアンス	120
同次座標変換行列	74
時定数	112
ドライ切削加工	173
トライボロジー	84
トラバース研削	58
取付け具	98
ドレッサ	61

ナ 行

内面研削盤	58, 73
中ぐり盤	73
流れ型	37
ナローガイドの原理	95
難削材料	3
ニアドライ切削加工	173

逃げ角 …………………… 24	ベース …………………… 100
逃げ面 …………………… 24	ベクトル軌跡 …………… 122
逃げ面摩耗 ……………… 44	変位センサ ……………… 153
二次元切削 ……………… 23	方位係数 ………………… 127
熱剛性 …………………… 115	方位係数の影響 ………… 135
熱時定数 ………………… 115	ボール盤 ………………… 73
ノギス …………………… 152	母性原理 ………………… 71
伸び ……………………… 9	ポリッシング ………… 58, 69

ハ 行

マ 行

母なる機械 ……………… 71	マイクロメータ ………… 152
バリ ……………………… 43	マイヤー硬度 …………… 15
バリの除去 ……………… 43	マクウェルの相反定数 … 124
比研削エネルギー ……… 65	摩擦角 …………………… 27
被削性 …………………… 7	摩擦係数 ………………… 18
ひずみ …………………… 8	摩擦振動現象 …………… 95
ひずみ硬化係数 ………… 11	摩擦中心での駆動 ……… 94
ひずみ硬化現象 ………… 10	マシニングセンタ ……… 73
ひずみ速度 ……………… 36	摩滅的摩耗 ……………… 60
比切削エネルギー ……… 30	メタルボンド砥石 ……… 59
比切削抵抗 ……………… 30	目直し作業 ……………… 56
引張強度 ………………… 9	
びびり …………………… 119	## ヤ 行
被覆工具 ………………… 51	有限要素法 ……………… 49
表示機器 ………………… 168	遊離砥粒加工 ………… 58, 69
表面粗さ …………… 41, 150	床振動の影響 …………… 171
表面粗さ測定機 ………… 153	ヨーイング ……………… 80
表面エネルギー ………… 25	予圧 ……………………… 93
ビッカース硬度 ………… 15	
ピッチング ……………… 80	## ラ 行
ビトリファイド砥石 …… 59	ラジアル軸受 …………… 82
平型案内要素 …………… 83	ラッピング …………… 58, 69
平削り盤 ………………… 73	ランド …………………… 89
腐食摩耗 ………………… 20	リセス …………………… 89
フライス盤 ……………… 73	立方晶窒化ホウ素 ……… 51
プランジ研削 …………… 58	流体絞り ………………… 89
ブリネル硬度 …………… 15	流体潤滑 ………………… 85
ブローチ盤 ……………… 73	粒度 ……………………… 59
分子動力学シミュレーション … 49	臨界速度 ………………… 142
平均切りくず断面積 …… 65	冷間加工 ………………… 12
平面研削盤 ……………… 57	レイノルズの潤滑理論 … 86

索　引

レジノイド砥石 ・・・・・・・・・・・・・・・・・ 59
ロータリダイヤモンドドレッサ ・・・ 61
ローリング ・・・・・・・・・・・・・・・・・・・・・ 80
ロケータ ・・・・・・・・・・・・・・・・・・・ 100
ロックウェル硬度 ・・・・・・・・・・・・・・・ 15

英　語

3-2-1規則 ・・・・・・・・・・・・・・・・ 100
abrasive wear ・・・・・・・・・・・・・ 20, 46
adaptive control ・・・・・・・・・・・・・ 155
adhesion wear ・・・・・・・・・・・・・・・・ 46
base ・・・・・・・・・・・・・・・・・・・・・・ 100
Brinell hardness ・・・・・・・・・・・・・・・ 15
brittleness ・・・・・・・・・・・・・・・・・・・ 11
built-up edge ・・・・・・・・・・・・・・・・・ 39
cBN ・・・・・・・・・・・・・・・・・・・・・・・ 51
ceramics ・・・・・・・・・・・・・・・・・・・・ 51
cermet ・・・・・・・・・・・・・・・・・・・・・ 51
chatter ・・・・・・・・・・・・・・・・・・・・ 119
chemical wear ・・・・・・・・・・・・・・・・ 46
chip breaker ・・・・・・・・・・・・・・ 37, 52
clump ・・・・・・・・・・・・・・・・・・・・ 100
coated tool ・・・・・・・・・・・・・・・・・・ 51
cold working ・・・・・・・・・・・・・・・・・ 12
Colwellの近似 ・・・・・・・・・・・・・・・・ 31
compliance ・・・・・・・・・・・・・・・・ 103
copying principle ・・・・・・・・・・・・・・ 71
corrosive wear ・・・・・・・・・・・・・・・・ 20
crater wear ・・・・・・・・・・・・・・・・・・ 44
cubic Boron Nitride ・・・・・・・・・・・・ 51
deburring ・・・・・・・・・・・・・・・・・・・ 43
diamond ・・・・・・・・・・・・・・・・・・・・ 51
diffusion wear ・・・・・・・・・・・・ 20, 46
directional factor ・・・・・・・・・・・・・ 128
dislocation ・・・・・・・・・・・・・・・・・・ 10
DN値 ・・・・・・・・・・・・・・・・・・・・・ 93
double ball-bar ・・・・・・・・・・・・・ 162
down-cut ・・・・・・・・・・・・・・・・・・ 32
dressing ・・・・・・・・・・・・・・・・・・・ 56
ductility ・・・・・・・・・・・・・・・・・・・・ 9
elastic ・・・・・・・・・・・・・・・・・・・・・・ 8

elasto-hydrodynamic lubrication ・・ 92
elongation ・・・・・・・・・・・・・・・・・・・ 9
emulsion type ・・・・・・・・・・・・・・・・ 54
Finite Element Method ・・・・・・・・・ 49
flank wear ・・・・・・・・・・・・・・・・・・ 44
forced vibration ・・・・・・・・・・・・・ 119
free machining metal ・・・・・・・・・・・ 8
generating ・・・・・・・・・・・・・・・ 22, 72
glazing ・・・・・・・・・・・・・・・・・・・・ 60
grade ・・・・・・・・・・・・・・・・・・・・・ 60
grinding ・・・・・・・・・・・・・・・・・・・ 56
grinding ratio ・・・・・・・・・・・・・・・・ 65
groove wear ・・・・・・・・・・・・・・・・・ 44
group technology ・・・・・・・・・・・・・ 22
high speed steel ・・・・・・・・・・・・・・ 50
hot working ・・・・・・・・・・・・・・・・・ 12
hydrodynamic lubrication ・・・・・ 85, 92
hydrostatic lubrication ・・・・・・・・・ 85
interchangeability ・・・・・・・・・・・・ 149
land ・・・・・・・・・・・・・・・・・・・・・・ 89
lapping ・・・・・・・・・・・・・・・・・ 58, 69
locator ・・・・・・・・・・・・・・・・・・・ 100
machinability ・・・・・・・・・・・・・・・・・ 7
machine tool ・・・・・・・・・・・・・・・・ 71
machining center ・・・・・・・・・・・・・ 73
maximum shear stress theory ・・・・・ 13
Maxwellの相反定理 ・・・・・・・・・・・ 124
metal bond wheel ・・・・・・・・・・・・・ 59
Meyer hardness ・・・・・・・・・・・・・・ 15
modulus of elasticity ・・・・・・・・・・・・ 9
molecular dynamics simulation ・・・・ 49
mother machine ・・・・・・・・・・・・・・ 71
near-dry cutting ・・・・・・・・・・・・ 174
normal strain ・・・・・・・・・・・・・・・・ 10
normal stress ・・・・・・・・・・・・・・・・ 10
numerical control ・・・・・・・・・・ 4, 72
orthogonal cutting ・・・・・・・・・・・・・ 23
overlap factor ・・・・・・・・・・・・・・ 129
plastic ・・・・・・・・・・・・・・・・・・・・・・ 9
plunge grinding ・・・・・・・・・・・・・・ 58
polishing ・・・・・・・・・・・・・・・・ 58, 69

preload ··············· 93	strain-hardening exponent ······ 11
principal stress ········ 14	strength coefficient ········· 11
recess ················ 89	Stribeck曲線 ··········· 85, 96
recrystallization temperature ····· 12	structure ················ 60
regenerative effect ········ 120	support ················ 100
resinoid wheel ·········· 59	tensile strength ············ 9
Reynoldsの潤滑理論 ······· 86	tool life ················ 47
Rockwell hardness ········ 15	toughness ··············· 11
self sharpening ·········· 57	traverse grinding ·········· 58
self-exited vibration ······ 119	true strain ··············· 10
shear angle ············· 26	true stress ··············· 10
shear plane ············· 26	truing ·················· 56
sintered carbide ·········· 51	ultimate stress ············· 9
size effect ·············· 30	up-cut ················· 32
soluble type ············· 54	V型案内要素 ············· 83
solution type ············ 54	Vickers hardness ·········· 15
specific cutting force ······· 30	vitrified wheel ············ 59
specific grinding energy ····· 65	work hardening ············ 11
squeeze effect ··········· 88	work-hardening exponent ····· 11
stick-slip現象 ·········· 97	yield stress ··············· 9
stiffness ··············· 103	Young's modulus ············ 9

―著者略歴―

稲崎 一郎（中部大学 教授 総合工学研究所 所長，慶應義塾大学 名誉教授）
1964年　慶應義塾大学 工学部 機械工学科 卒業
1969年　慶應義塾大学 大学院 工学研究科 機械工学専攻 博士課程修了 工学博士
1970年　西独 アーヘン工科大学 訪問研究員
1984年　慶應義塾大学 理工学部 教授
1990年　砥粒加工学会 会長
1998年　米国 カリフォルニア大学バークレイ校 客員教授 Springer Professor
1999年　ドイツ ハノーバ大学 名誉博士
2001年　慶應義塾大学 理工学部，大学院理工学研究科 委員長
　　　　日本機械学会 フェロー
2004年　International Academy for Production Engineering (CIRP) 会長
2005年　Society of Manufacturing Engineers (SME) ; F.W.Taylor Research Medal
　　　　SME ; Fellow
　　　　日本学術会議 会員
　　　　NEDO プロジェクト「高度機械加工システム開発事業」プロジェクトリーダ
　　　　英国機械学会優秀論文賞
2006年　精密工学会 フェロー
　　　　CIRP 栄誉会員
2007年　慶應義塾大学 名誉教授，中部大学 教授 総合工学研究所 所長
　　　　日本機械学会 名誉員

主な著書：

- H. K. Töenshoff and I. Inasaki : Sensors in Manufacturing, Wiley VCH (2001)
- I. Marinescu, M. Hitchner, E. Uhlmann, B. Rowe and I.Inasaki : Handbook of Machining with Grinding Wheels, CRC Press (2006)
- I. Marinescu, B. Rowe, B. Dimitriv and I. Inasaki : Tribology of Abrasive Machining Processes, Wiliam Andrew (2004)
- I. Marinescu, H.K.Töenshoff and I.Inasaki : Handbook of ceramics grinding and polishing, Noyes Publications (1998)
- 稲崎・岸浪・坂本・杉村・竹内・田中：工作機械の形状創成理論, 養賢堂 (1997)
- 米津・稲崎：機械工学概説, 森北出版 (1978), 他

| JCOPY | <（社）出版者著作権管理機構 委託出版物＞ |

| 2012 | 2009年 2 月28日　第 1 版発行 |
| | 2012年10月15日　第 2 版発行 |

機械加工システム

　　著者との申
　　し合せによ
　　り検印省略

著　作　者　　稲　崎　一　郎
　　　　　　　　いな　さき　いち　ろう

©著作権所有

発　行　者　　株式会社　養　賢　堂
　　　　　　　代表者　及　川　　清

定価（本体3000円＋税）

印　刷　者　　星野精版印刷株式会社
　　　　　　　責任者　入澤誠一郎

発　行　所　　〒113-0033 東京都文京区本郷5丁目30番15号
　　　　　　　株式　養賢堂　TEL 東京（03）3814-0911　振替00120
　　　　　　　会社　　　　　FAX 東京（03）3812-2615　7-25700
　　　　　　　　　　URL http://www.yokendo.co.jp/
　　　　　　　　　ISBN978-4-8425-0448-3　C3053

PRINTED IN JAPAN　　　　　　　製本所　株式会社三水舎

本書の無断複写は著作権法上での例外を除き禁じられています。
複写される場合は、そのつど事前に、（社）出版者著作権管理機構
（電話 03-3513-6969，FAX 03-3513-6979，e-mail:nfo@jcopy.or.jp）
の許諾を得てください。